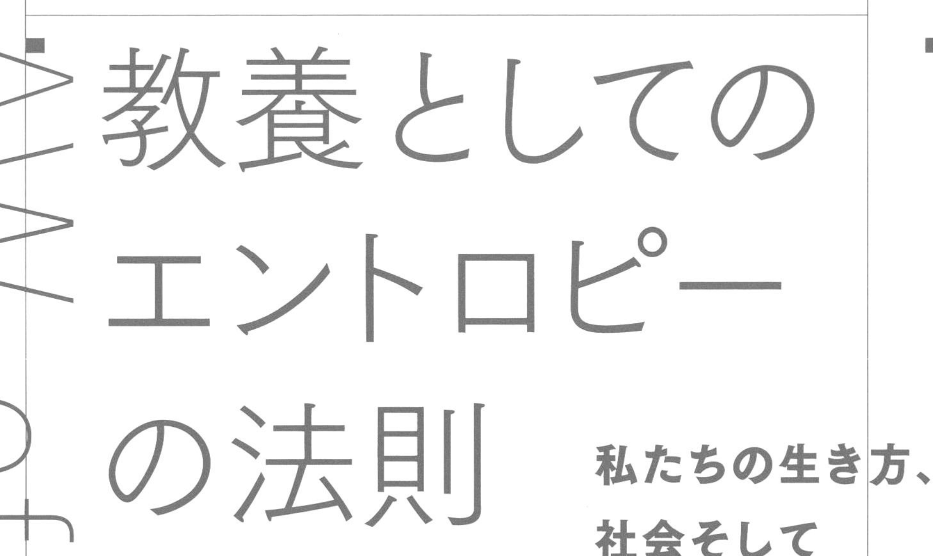

教養としてのエントロピーの法則

LAW of ENTROPY

私たちの生き方、
社会そして
宇宙を支配する
「別格」の法則

NORIAKI HIRAYAMA
平山令明

KODANSHA

はじめに

　コップに入れた温かいお茶を机の上に放置すれば、しばらくすると冷えてしまいます。しかし、冷えてしまった水をどれだけ長く放置しても、それが自然に沸騰することは「絶対」にありません。うっかりたくさんの砂糖をコーヒーに入れてしまうと、後の祭り、もう甘さを調整することはできなくなってしまいます。「時」は未来の一方向にのみ進み、決して逆向きに過去に遡ることはありません。

　今、私たちを含め世界中で起こっている変化も、その例から外れることはありません。つまり、元には戻せないということです。このように、**世の中の物事には、ある一方向にしか進まず、「絶対」に元に戻せないことがある**ことを、私たちは常識的に知っています。

　この大事な常識には昔の人たちも気づいていて、神話や説話などを通して、後世の人々への戒めとしていました。19世紀になって、この常識は、じつは厳然たる科学法則であることが確認されました。

　科学法則として定式化されたということは、自らの体験を積む必要も、疑心暗鬼で神話や説話の伝えることを信じる必要もなく、その法則に従って論理的に判断をすることが可能であることを意味します。

　すなわち「物事は、一方向にしか進まず、元には戻せない」という、この法則をまず理解することが、現在地球上で抱えている多くの問題の状況を冷徹に捉え、できたらそれに対処する方策を講じるためには必須であるということです。

　その法則とは熱力学第２法則であり、**「エントロピー増大の法則」**とも呼ばれています。**「エントロピー」とは、「無秩序の度合い」を示す量**です。例えば、教室の中できちんと座っている幼稚園児の状態の「エントロピーは低い」と表し、休み時間に園庭を思い思いに楽しそうに走り回る園児たちの状態の「エントロピーは高い」と表します。

残念ながら、大学で理系に進んだ人以外が、この法則について学ぶ機会は少ないのが現状です。従って、もったいないことに、この法則が教えるところを、多くの人たちが人生のそして仕事の方向、さらには現在の地球規模の問題を考える上での指針に使えていません。

じつは多くの人たちは、これらの問題の根源に「エントロピーの増大」があることを感じています。なぜなら、生きていく過程で多くの人たちは身をもって「エントロピーの増大」の法則を経験し、それを常識としているからです。しかし、多くの人たちは「エントロピーの増大」の法則をいわば必要悪のように見なし、あえて問題にすることを避けている場合すらあります。

一方、私たちには、「エントロピー増大の法則」を信じるか信じないかの自由はありません。無論、「エントロピー増大の法則」は権力者によって強制される規則でもありません。**「エントロピー増大の法則」は、私たちの世界の「必然」なのです。**

本書の目的は、これまで「エントロピー増大の法則」について学んだ機会がなかったか、勉強したことがあるが未だにあまりスッキリしていないという方々のために、なるべく簡単にこの法則を説明することです。

しかし、**多くの方々はすでに「エントロピー増大の法則」を身をもって体験していますので、本書の一つのそして重要な目的は、この「常識」であり「必然」である法則がなぜ真実なのかを確認していただくことにあります。**

説明が少し難しいと感じる場合には、自分の実体験との対応関係を是非みて下さい。実体験との辻褄があっていれば、論理的な説明は後で時間をかければ、理解できるはずです。

科学の法則を説明するためには、最低限の数式を用いざるを得ません。**数式で表す最大の利点は、その現象に関わる要素の間の関係が定量的に明らかにされる**、ということです。また、その現象について考える限り、基本的に他の要素は考えなくてよいことが保証されることも意味します。従って本書の中には幾つか数式が出てきます。でも安心してください。数式の後には、必ずその意味を言葉で説明していますので、その説明が定性的（感覚的）に理解（納得）できれば、それで十分です。

今、世界は一つの重大かつ危機的な局面にさしかかっているに違いありません。地球規模の異常気象の頻発、新たなウイルスの出現による世界規模のパニック、国際政治における危ういアンバランスの顕在化、情報量の爆発的増大による経済格差の拡大と人心の不安定化、地球上での人類の大規模な移動に伴う無秩序化の増大、等々。こうしたことが正に今同期して、相乗的に、しかも急速に起こっています。変化は膨大かつ急激に起こっており、人間がそれらを制御でき得る限界点に限りなく近づいている可能性があります。

そして、**これらの諸問題の背後にあるのはまぎれもなく「エントロピーの増大」の法則であり、これらの問題を解決するためには、人間も含め「低エントロピー社会」に向かう必要があります**。「低エントロピー社会」を実現するためには、まずは「エントロピーとは何か」を正しく理解して、エントロピーの増大を食い止めるためには私たちはどうすべきかを考える必要があります。

最後に、本書の企画の段階から数多くの有益なご助言を賜った、講談社の田中浩史氏に深謝申し上げます。

目　次

3　物質界におけるエントロピー

4 エントロピーの法則からわかる私たちの未来

私たちの生き方、社会そして宇宙を支配する「別格」の法則

1

エントロピー事始め

エントロピーという言葉に馴染みのない読者、そしてこの言葉を知らない読者には、いきなり「エントロピー事始め」と言われても戸惑うかも知れません。でも安心して下さい。本章を読めば、私たちの日常的経験の中で、どのようにエントロピーが働いているのかがまず実感でき、エントロピーという実体の姿がおぼろげながら見えてくるはずです。

じつは、私たちの日常はエントロピーによって支配されていますが、私たちはそれに慣れっこになっているので、その姿をいちいち意識していないだけです。しかし、エントロピーは私たち自身も含め世の中が進むべき方向をも支配する極めて重要な実体（実相）です。現在の社会が抱えている非常に多くの問題にエントロピーは深く関わっています。

従って、これらの問題に能動的に対処するためには、エントロピーが関わる問題を単に意識するだけでなく、エントロピーを司っている科学法則を適切に理解し、そしてそれに基づき行動する必要があります。本章では、科学法則を理解する意義についても述べます。

科学法則を知ることの意義

私たちは、幼い頃から多くの体験を通しながら、私たちを含めたこの世界のさまざまな仕組みについて学習します。

例えば、ガラスのコップをうっかりテーブルから落としてしまうと、大きな音を立てて割れてしまうことを経験して、ガラスのコップは壊れやすいこと、また高い所から落とすほど壊れやすいことを学びます。ガラスのコップに限らず、人も高い所から落ちるととても痛く、時によっては大怪我をすることも学びます。つまり、人でも物でも高い所から低い所に落ちると、好ましくない結果になることを体得し、落ちないように、そして落とさないように注意するようになります。言わば一つの生活の知恵になります。

しかし、この知恵では、「なぜ、物は支えがないと落ちるのか」そして「なぜ落とす高さによって物の壊れ方は違うのか」の理由を説明できません。

私たちは自らの経験を通してだけでなく、学校教育によってさまざまなことを学びます。私たちを含めた自然界については、「理科」で学びます。高等学校で物理（文系の高校生なら「物理基礎」）を学ぶと、「なぜ、物は支えがないと落ちるのか」、そして「なぜ落とす高さによって物の壊れ方は違うのか」の理由が理解できるようになります。地球上のすべての物体には地球の中心に向かって引っ張る「重力」が働くということは中学校で習いますが、高等学校ではさらに進んで、物体に働く「重力」F（force〈力〉の頭文字）は次の式で表されることが示されます。

$$F = mG \text{ ---------- } (1\text{-}1)$$

m（mass〈質量〉の頭文字）はその物体の質量（重さと考えてもほぼ良い）で、G（gravity〈重力〉の頭文字）は地球の「重力加速度」です。

つまり、この式は「地球上の物体に働く力は、その物体の質量と地球の重力加速度の積で表されること」を示します。地球の重力加速度は約9.8 m/s^2で、１秒間に秒速9.8 mずつ速度が増加するように、地球上のあらゆる物体は地球の中心に向かって引っ張られています。

さて、**式(1-1)**のように**式で表す最大の利点は、その現象に関わる要素の間の関係が定量的に明らかにされる**、ということです。また、その現象について考える限り、基本的に他の要素は考えなくて良いことが保証されることも意味します。この式は、常に質量mの物体には地球の中心に向かう力が働くので、支えがないとすべての物体は地球の中心に向かって（下向きに）落下することを示します。

「物理基礎」ではさらに、質量mの物体を重力に逆らって、ある点からh（height〈高さ〉の頭文字）だけ高い位置まで持ち上げる時に必要なエネルギーW（後で述べるようにエネルギーと仕事は同じで、仕事を表すworkの頭文字）は、

$$W = Fh = mGh \text{ ---------- (1-2)}$$

で表されることも習います。科学法則を数式で表現することのもう一つの重要な利点は、基本となる関係式（この場合は$F=mG$）を論理的に展開・拡張し、より広範な現象の説明に使えるようになることです。この場合、**「力」という物理量で、「エネルギー」という物理量を表現できた**ことになります。つまり、私たちが見ている（観察している）現象の本質を決める物理量の間の関係を明らかにすることができます。

さて、**式（1-2）**を見れば、「なぜ落とす高さによって物の壊れ方は違うのか」の理由が簡単に理解できます。

床から高さhにある質量mのガラスのコップは、mGhのエネルギー（位置エネルギー）を持っており、コップが重力によって床に落ちた時に、このエネルギーがコップを壊すために使われます。つまり、ある一定以上の高さhになった時に、その位置エネルギーはコップを壊すエネルギーを越えるので、そのコップは壊れますが、それ以下の位置エネルギーしか持たない高さhから落としてもコップは壊れないだろうということを式（1-2）から予想することができます。ついでに、式（1-2）がわかると、同じ高さから落としても、重い物は軽い物より床に大きな衝撃を与えるだろうということが予想できます。

以上のように、「なぜ、物は支えがないと落ちるのか」および「なぜ落とす高さによって物の壊れ方は違うのか」という質問に、式（1-1）および式（1-2）は正確かつ定量的に答えることができます。私たちが、自然界で起こる現象を科学法則で理解することの意義はここにあります。じつは、式

（1-1）は次の**式（1-3）**の一つの例に過ぎません。

$$F = ma \text{ ---------- } (1\text{-}3)$$

この式は、ニュートンの運動方程式と呼ばれる式で、a（acceleration の頭文字）は加速度を表します。この式は、「加速度aを持つ質量mの物体は、加速度の方向にFの力を持つ」ことを示す一般式です。

地球上にあるすべての物体には地球からの加速度つまり重力加速度Gが働くので、質量mの物体には重力加速度による力すなわち重力が働き、その大きさは式（1-1）で求められます。式（1-1）は、式（1-3）において$a=G$である特殊な条件下で成り立つ式、ということになります。

式（1-3）は、私たちが日常的に接する物体については、非常に正確に成り立ちますので、それらの物体の運動に関して広く適用でき、いろいろな問題に解答を与えてくれます。

科学法則の素晴らしいことは、一般式が与えられると、式の成り立つ範囲にある多くの特殊な条件下で起こる現象を正確に記述できるということです。従って、成り立つ範囲が広い（より一般的に成立する）科学法則ほど重要になります。「恐らく」とか、「今までの経験では」とかではなく、「必ずそうである」と断言でき、誰もがそれを疑う必要がない結論を導く上で、科学法則は極めて有用です。

じつは、ニュートンの運動方程式は、正確には近似式です。厳密には成り立たないこともあるということです。しかし、考慮する物体の速さが光の速さ（光速）より十分小さい場合は、ほとんど正確と言ってよく、少なくとも地球上で私たちが日常的に接する物体の場合には、この方程式で得られる値で実用上問題は起こりません。

一般に科学の法則は非常に広い範囲で成り立つものですが、無制限の適用範囲がある訳ではありません。光速度に近い速さの運動のある世界については、相対論的な法則によって表現できます。一方、分子や原子などの極微の世界では、量子論の法則が適用されます。残念ながら、すべての世界の運動に統一的に適用できる科学法則は今のところ見つかっていません。しかし、それぞれの世界に対応した法則を用いれば、十分な精度でその世界の現象を正確に理解することができます。すべての問題が解決されている訳ではありませんが、現状では、物質界におけるかなりの現象を科学法則で正確に理解することができます。

当たり前の法則

私たちの身体は原子そして分子からできています。従って、原子・分子の世界で成り立っている法則が、個々人の身体、精神そして行動だけでなく、社会活動の中で成立していても不思議ではありません。

物質界で成立する法則が私たちの生き方や精神生活とまったく無縁だと考えるのはむしろ不自然であり、まずは科学法則の範囲内で私たちは生きていると考えるほうが妥当だと思います。極端に言えば、**科学法則によって私たちの人生の大部分は決まっている**と考えるべきかもしれません。

日常生活をする上では、それらの科学法則に縛られていることを私たちが意識することはほとんどありません。まして、物質界だけについて成り立つと思われている科学法則や理論が、私たちの行動や精神そして社会をも規制していることを実感することはさらにないと思います。しかしじつは、それらは私たちの知らない所できちんと働いて、私たちの存在をしっかりと支えています。大事な物を落として壊した時には、ニュートンの力学をしみじみと感じるかもしれませんが、重要かつ有名な相対性理論や量子論が成り立っていることを私たちが日常的に意識することはまずありません。

私たちが生きる上で問題にぶつかった時、それを解決するためには少なくとも二つの力が必要です。一つは、その問題の原因をつきとめ、それを具体的に解決する技術的な力です。もう一つは、その問題から受けるショックに屈せずに解決していこうという精神的な力です。

少なくともこの二つがないと問題は解決できません。後者の精神的な力に影響するのが、その人の物の考え方です。つまり価値観です。その価値観は、教育、経験、哲学そして宗教などによって形成されますが、じつはそこに物質界で成り立つ法則が大きく影響します。その法則はふだんは意識されません。法則（真理）ですから、当たり前にそこにあるからです。教育というより、時に涙を伴う自らの体験を通して、その法則はいつの間にか私たちの価値観の中で確固たる位置を占めるようになります。

意識下に入ってしまった科学法則を改めて意識し、それと上手に付き合うことは、個人にとっても社会にとっても非常に有用です。

本書では、そうした「当たり前」と思われている現象を引き起こしている科学法則の中でもとりわけ重要な一つの法則に焦点を当てることにします。その法則とは「はじめに」で触れた、**熱力学第２法則＝エントロピー増大の法則**、です。

「なぜ」という質問に答えることはなかなか難しいのですが、皆が「当たり前」という現象がどういう訳で当たり前なのかを、なるべくやさしく説明してみようと思います。そして、その当たり前と思われていることが、私たちの人生や社会にとってとても重要であり、それを意識すれば、もしかすると世界中で今抱えている多くの問題を解決または緩和する方向に進めるかもしれないことにも触れたいと思います。

バラバラにしたものを元に戻すのは大変

図1-1の絵は16世紀に活躍したピーター・ブリューゲルという画家の描いた有名な絵の一つです。題材は、『旧約聖書』の「創世記」の中で述べられている「バベルの塔」です。「バベルの塔」は、できそうで実際には実現

不可能なことの象徴としてよく喩えられます。この絵をジグソー・パズルにしてみます。

まずは**図1-2**のように12ピースにします。12ピースであれば、比較的容易にパズルを完成できると思いますが、元の絵をまったく知らないと試行

図 1-1 ピーター・ブリューゲルの「バベルの塔」

図 1-2
12 ピースだと簡単だが……

錯誤が多少必要かもしれません。しかし、24ピースにまで分解すると、元の絵をよく知っていてもパズルを完成するには結構な時間がかかるでしょう。さらに108ピースにまで分解する（**図1-3**）と、パズルがよほど好きな人でない限り、完成する気力もわかないと思います。完成に相当な時間がかかることは間違いありません。

なぜ108ピースのパズルは絶望的なほど難しく、12ピースのパズルは比較的容易なのでしょうか？　この質問をすれば、「108ピースのほうが、数が多いのだから当たり前でしょう」という答えが恐らく返ってくると思います。

パズルのピースが入った箱をひっくり返してバラバラにするのはいとも簡単ですが、それらのピースを絵が見えるように元の箱に戻すのはとても大変です。保育園の年長組であれば、わかることでしょう。

なぜ、そうなのでしょうか？　この質問に対しても、多くの人は簡単に答えられるでしょう。「散らかすのは簡単で、片付けるのは大変なことなので、当たり前でしょう」。私たちはジグソー・パズルに限らず、「一旦、バラバラにしたものが元に戻らない」場合のあることを、さまざまな状況で、小さい頃から何度となく体験します。

幼稚園では、「お片付け」は重要な教育活動の一つであり、子供たちが進んできれいに「お片付け」をする工夫がされています。幼稚園児でも、お遊びなど何かをすると、それに使った物は散らかり、誰も片付けないとそれらは元に戻らないことを知っています。あるいは、ジュースを床にこ

図 1-3
108 ピースになると大変！

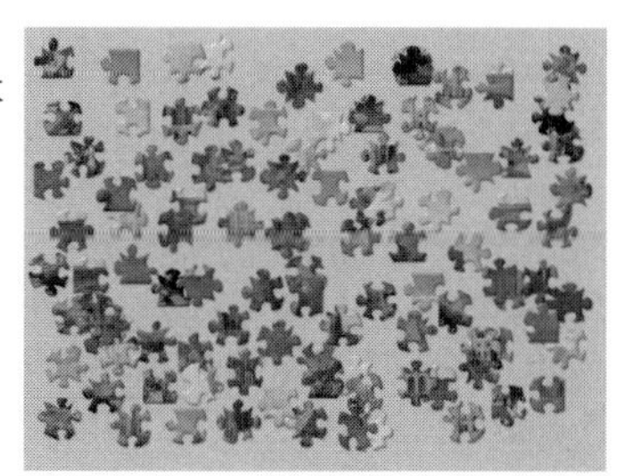

ぼしてしまうと、もうそれは元のコップに戻すことはできず、飲むこともできなくなることを、何度か泣きながら経験します。また、砂場で作った砂のお城はすぐに壊れること、園庭には雑草がすぐ生えてくることなど、形あるものは形を失い、手入れをしないとどんどん変化していく物が身近にたくさんあることを学びます。

さらに、せっかく片付けた（秩序ある状態になっていた）ものでも、その内にいつしかごちゃごちゃ（無秩序な状態）になってしまい、それを元に戻すのはとても大変である（労力がかかる）ことを子供たちは成長と共に学びます。また、ジグソー・パズルのピースのように、数が少ない場合には、お片付けは簡単で、数が多くなると手が付けられなくなること、そしてその状態になるとたいていは気が失せてしまい、お片付けをしたくなくなる（**図1-4**）ことも実感します。じつは、こうした体験は、子供たちが人生で必要な基礎的な価値観を形成する上で、非常に重要です。この体験を通して学ぶことは、ものの考え方ではなく、自然の摂理だからです。

しかし、「お片付け」は「理科」の問題ではなく、もっぱら「躾（しつけ）」の一つとして教育されるため、いつしか部屋が乱雑になる理由は、自分自身にあると思うようになり、「なぜそうなるか」についてはあまり考えなくなります。そして、いつのまにか当たり前に起こる現象として、子供たちはそれに対応するようになります。

ジグソー・パズルの例に戻ります。きちんとすべてのピースが箱の中の

図 1-4
ここまで散らかすと、お片付けしたくなくなります。

http://germatownlibrarywi,org/1000-books-before-kindergarten/

所定の位置に収まると、「バベルの塔」が見えます。しかし、箱をひっくり返すと、ピース同士の相対的な位置関係はバラバラになります。なぜピースの数が増えると正しい位置に戻すことが難しくなるのでしょうか？

エントロピーは必ず増大する

ピースの数が増えるほどジグソー・パズルは難しくなりますが、先に述べたように、これは自然の摂理に従っています。その自然の摂理を表現する法則が、「エントロピーは必ず増大する」という科学法則です。

たくさんの科学法則が知られていますが、じつは科学法則の確かさは一律ではありません。絶対確実だろうと考えられている法則から、恐らく正しいのではないかとみなされている法則まであります。

例えば、先のニュートンの運動の法則は、私たちが日常的に触れることができる物体の運動についてはほぼ問題なく成立していますので、かなり確かな法則と言えます。しかし、生物の進化についての進化論のように、その法則が成り立つのかどうかを証明するのが非常に困難な法則もあります。

そうした中で、**「エントロピーは必ず増大する」という法則は、別格的にその確からしさが確認されている法則**です。別の言い方をすると、これまでこの法則に反する現象は確認されていません。極微の物質界から生物界（当然人間も含まれます）そして宇宙に至るまで森羅万象の中で厳然とこの法則は成り立っています。

従って、私たちは小さい頃から、この法則を体験し、その法則に対処することを体得します。しかし大人になっても、大半の人は、それを「躾」や「道徳」の一つのように思い、物質側の問題というより、自分自身を含めた人間側の精神の問題と思い、一方で当たり前のこととして深く考えません。

その背景には、「お片付け」にまつわる問題は理科の時間に教えられないことがあります。理工系の大学に進んだ人は大学の初級で「エントロピー」の概念を習いますが、なぜか理解し難い概念として敬遠されるものの一つとして有名です。従って文系に進んだ人の多くは「エントロピー」の概念を知る機会がほとんどありません。つまり、「お片付け」にまつわる苦い思い出は、あたかも自分の原罪のように背負い込んでいる場合が少なくありません。

しかし、「当たり前」と思ってきた事象の裏側に、じつは厳然と法則性があるということを知ることは、大きな意味があります。私たちが法則を理解する意味は、単に知的好奇心を満たしたり、それを使って物を作ったり動かしたりするだけでなく、それを知ることにより、自分自身だけでなく多くの人たちに共通の基本的価値観を再構築でき、それに基づいた行動がとれるようになることにあります。

一体「エントロピー」とは何か、それはどのように挙動するものなのか、私たちはその事実をどう受け止めて、どう対処すべきか、についてわかりやすく説明しようというのが本書の目的です。

2

情報エントロピーとは何か

「エントロピー増大の法則」は、私たちを含むすべての世界（宇宙も）で成り立っている法則です。しかしこの法則は物質界における変化だけでなく、**世の中で「あることが起こるか起こらないか」をも支配している根源的な法則**です。

私たちが、「起こるか起こらないか」を最も簡単に再現できる手軽な手段にサイコロがあります。この章では、サイコロの目の出方を、「エントロピー増大の法則」がどのように支配しているかを見ていきたいと思います。

箱の中に、まったく同じサイコロが複数入っている場合、サイコロの数を知る方法には少なくとも２通りあります。一つは、１個ずつ数える方法です。一方、１個のサイコロの重量がわかっていれば、箱全体の重量から箱の重量を引いた後で、サイコロ１個の重量で割れば、その数がわかります。

どちらの方法で数えても同じ数字になるはずです。エントロピーの場合も少なくとも２通りの測定方法があることが知られています。まずは、その一つである「情報エントロピー」についてお話ししたいと思います。

偶然か必然か

私たちは小さい頃からいろいろな体験を通して、「よく起こること」と「滅多に起こらないこと」を知るようになります。「よく起こること」は「当たり前」のことと表現され、また「それが起こる」ことを「常識である」と捉えるようにもなります。

一方で私たちは、あることが「起こる」か「起こらない」かに常に大きな関心を持っています。天気予報をはじめ、いろいろな出来事が、どの程度

「起こるか」を推測することは現代社会では常識にもなっています。

さらに、その出来事が「偶然に」起こることか、それとも「必然的に」起こることなのかも私たちの大きな関心事です。昔は、すべて神様の御意思で決まると考えられていましたから、世の中の出来事はすべて神の意思で「必然的に」決められていると皆思っていました。私たちの価値観、宗教観そして人生観にとって、何が「必然的」なことなのかを知ることは極めて重要です。

もし神様が3という数字を好んでいて、その意思がいつでも働いていれば、いつでも3しか出ないので、サイコロ遊びというものは生まれなかったはずです。しかし多くの人たちは、注意深く作った公平なサイコロなら、1から6までの目は偏りなく出るものだと信じています。実際、もし理想的に公平なサイコロを作り、神様の意思などが働かなければ、1から6までの目は偏りなく出るはずです。

それぞれの目iの「出やすさ」を数字$P(i)$（$0 \leqq P(i) \leqq 1$）で表してみます（Pは確率を表すprobabilityの頭文字）。6個の目の「出やすさ」はすべて等しいので、$P(1)=P(2)=P(3)=P(4)=P(5)=P(6)$です。1回振った時、必ず何かの目が出ますので、その「出やすさ」の合計は1になります。二つ以上の目が同時に出ることはありませんので、$P(1)+P(2)+P(3)+P(4)+P(5)+P(6)=1$です。これら二つの関係から、自明のこととして、$P(1)=P(2)=P(3)=P(4)=P(5)=P(6)=1/6$が求められます。この1/6を$P(1)$から$P(6)$が起こる確率と言います。言い換えると、理想的なサイコロの6種類の目が出る確率はすべて等しく1/6になる、ということです。

これを、一般化すると、A_1、A_2、・・・、A_nの事象がまったく同じ「起こりやすさ」で起こる場合、各事象の起こる確率は$P(A_i)=1/n$になると表現します。

等しく「起こり得る」事象の数が増えると、各事象が「起こり得る」確率は当然小さくなります。**確率の値は常に0から1までであり、1に近い値**

を取る事象は「起こりやすい」事象であり、0に近い値を取る事象は「起こりにくい」事象ということになります。

起こり得る事象の確率がすべて等しい場合、それらの事象は「偶然に起こる」と言います。まったく理想的なサイコロを振る場合、各目は偶然に出ると考えます。これに対して、細工をして6が出やすくしたサイコロは、「必然的に」または「高い確率」で6を出します。

私たちがゲームでサイコロを振る時には、絶対にぼんやりとサイコロは振りません。数を稼ぎたい時には6が出ることを念じながら、そして2が出ると丁度良い場所に駒が進められるなら2が出ることを祈りながらサイコロを振ります。その結果、6や2の目が出る確率がどの程度1/6より高くなるのか、私自身は実験したことはありません。人間の意思（意識）が本来偶然に起こることにどのように影響するかはじつに興味深いことですが、あまり系統だった検証はされていないようです。しかし、世の中に「運の良い」人がいることは確かなようです。私たちの意識が、サイコロの目に影響を与えないことが完全に確認されていないので、客観的にサイコロを振る場合には、そのような意識を入れないで行うようにします。「運」に選択を任せる場合に、コインがよく使われます。そういう時には、「心を無にして」コインを投げないといけません。このように、「運」と「偶然」は同じではないかもしれませんが、少なくともサイコロやコインを振ったり投げたりする人が、それを行う時に特定の意図を持たないことを、「ランダム（random）」（無作為）という言い方をします。例えば、「ランダムにコインを投げる」と表現します。この場合、まったく「運」任せ、「偶然」任せということを意味（期待）します。

以下の話では、特に人間が介在しない事象は、偶然に起こることを大前提としてお話しします。また、そうした事象を、私たちは完全に「ランダムに」確認することができることを前提とします。これらの前提は、主に自然科学を学ぶ場合には常識的ですが、それらが完全に成立するかどうかは証明されている訳ではありません。しかし、少なくとも私たちの経験上、それらの前提は十分確からしいと言えます。
それでは、これらの前提が成り立った場合、偶然に起こる事象には本来的にどんな特徴が現れるのでしょうか？　偶然に起こることから、特定の特徴が現れるというのは少し奇異な感じがしますが、論より証拠で、以下サイコロとコインを例にとって、現れる特徴について見てみましょう。

サイコロ

サイコロを使って、私たちが常識的に捉えている、「よく起こること」と「滅多に起こらないこと」の理由を検証してみましょう。
図2-1のように２個のサイコロを用意します。１個のサイコロには６面あり、**図2-2**のようにその目は１から６です。今、２個のサイコロには、

図 2-1
2個のサイコロ

https://www.keisan-mondai.com/1508.htm

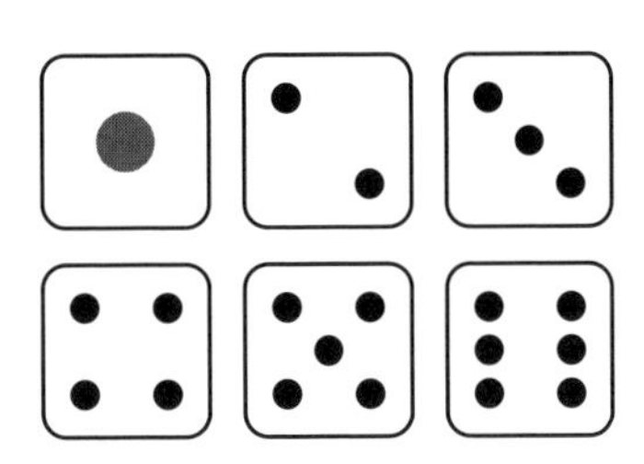

図 2-2
サイコロの目は1から6まで

https://publicdomainq.net/dice-toy-0049096/

まったく仕掛けがなく（イカサマがなく）、誰が振っても１から６までの目は同じ割合（確率）で出るとします。じつは、この仮定をきちんと確かめるのは結構大変です。工場でどんなに注意を払って作っても、２個のサイコロをまったく同じにすることはできません。また、サイコロを振る時の条件も、決して同じになることはありません。しかし、ここでは、各サイコロの６つの目が出る割合は全く同じと考えます。「割合」をより数学的に言う時には「確率」という言葉を使います。

６つの目すべてが等しい「確率」で出るはずの場合、それぞれの目の出る確率はすでに述べたように1/6となります。６回振ると１回は目的の目が出るということです。もちろん単に６回サイコロを振っても、目的の目が出るとは限りません。私たちが、**「確率」という言葉を使う時には、「非常にたくさんの回数サイコロを振る」という条件が必ず入ります。**「どの程度たくさん振ることが条件か？」という質問には答え難いのですが、振る回数が増加するほど、各目が出る頻度が1/6に限りなく近づくはずです。逆に、特定の目が出やすいサイコロは「イカサマ」サイコロということです。

２個のサイコロを振って、出た目の合計を調べます。もし、図2-1のように、２個のサイコロを区別すると、目のすべての出方は、**表2-1**のようになり、6×6＝36通りの出方があります。

しかし、ここで問題にするのは**表2-2**に示す２個のサイコロの目の和です。目の和は２から12まであります。和が２および12になるのは、必ず２個のサイコロの目がそれぞれ共に１および６である時です。一方、和が７になる目は、１と６、２と５、３と４、４と３、５と２および６と１ですので、合計６通りあります。**同じ結果になる組み合わせが何通りあるかということを、多重度と言います。**この場合の多重度は６です。

目の和とその多重度、そしてその和が出る確率を**表2-3**に示します。表でも明らかなように、すべての目の和が出る確率の合計は１です。表2-3から、起こり得る目の和は11通り（２から12まで）ありますが、「最もよく起こる」目の和は７であり、その確率は1/6です。少なくとも６回振ると１回は目の和が７になるということです。一方、「最も起こり難い（滅多に起こらない）」目の和は２と12で、それらが起こる確率は共に1/36です。つまり36回以上振らないと、目の和は2または12にはなり難いということです。

すなわち、**多重度が多い「目の組み合わせ」が「よく起こること」**であり、逆に**多重度が最も少ない「目の組み合わせ」は「滅多に起こらない」**という

表 2-1
２個のサイコロを振った時に出る目の組み合わせ

1-1	1-2	1-3	1-4	1-5	1-6
2-1	2-2	2-3	2-4	2-5	2-6
3-1	3-2	3-3	3-4	3-5	3-6
4-1	4-2	4-3	4-4	4-5	4-6
5-1	5-2	5-3	5-4	5-5	5-6
6-1	6-2	6-3	6-4	6-5	6-6

表 2-2
表 2-1 に対応する２個のサイコロの目の和

2	3	4	5	6	7
3	4	5	6	7	8
4	5	6	7	8	9
5	6	7	8	9	10
6	7	8	9	10	11
7	8	9	10	11	12

目の和	2	3	4	5	6	7	8	9	10	11	12
多重度	1	2	3	4	5	6	5	4	3	2	1
確率	1/36	2/36	3/36	4/36	5/36	6/36	5/36	4/36	3/36	2/36	1/36

表 2-3　２個のサイコロの目の和とその多重度およびその和が出る確率

ことになります。

もし、幸運にも１回目に振った時に、２個のサイコロとも１が出たとしても、その後サイコロを振り続けると、再び２個とも１が出るチャンス（確率）は少なくとも1/36になります。逆に言えば、振る回数が増えるほど、目の和が7、６そして８になってしまう確率が高くなります。私たち全員が毎日サイコロを振るギャンブラーではありませんが、多くの人はこのようなことを生活の中で体験し、次第にそれを「当たり前」のように思うようになります。**「当たり前」のこととは、「よく起こること」**ですが、ここで簡単な算数で示したように、それは数字で表すことができます。

「滅多に起こらないこと」を奇跡と言うことがあります。まったく細工をしていないサイコロを使っても、意識的に特定の目を出せるか（出させることができるか）どうかについては、ここでは保留しておきますが、少なくともサイコロのような単純な場合には、「よく起こること」には特に神秘的な力が働いている訳ではなく、単に可能性の数がたくさんあることによって「よく起こる」だけに過ぎません。

図2-3および**図2-4**に、２個および10個のサイコロを振った時に出る「目の和」の多重度を示します。横軸が和で、縦軸が多重度を示します。サイコロが２個の場合、最大と最小の多重度の比はたかだか６ですが、サイコロが10個になると、その比は何と4,395,456倍に跳ね上がります。つまり、

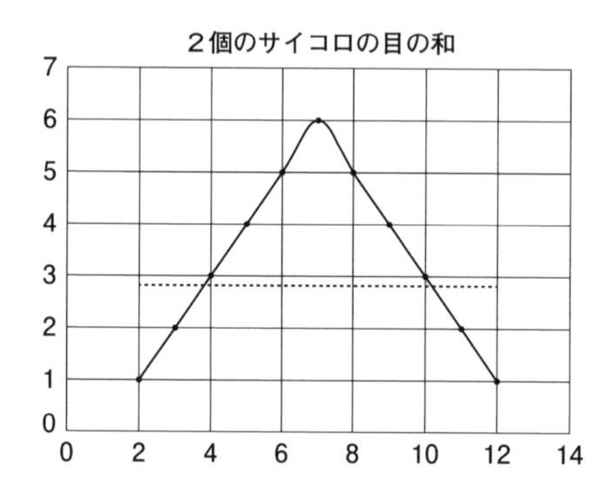

図 2-3
２個のサイコロの目の和（横軸）とその多重度（縦軸）の関係

10個のサイコロを振って、その目がすべて1になることは、奇跡的なことです。ギャンブルでいけば、オッズが極めて高くなるということです。

図2-4のような計算を筆算で行うのは大変ですが、コンピュータで行うと簡単に計算できます。以下に示すほとんどの例でコンピュータによる計算を行っています。実際にサイコロを振ってその出方を調べるのでなく、コンピュータで計算することをシミュレーションと言います。

図 2-4
10 個のサイコロの目の和(横軸)とその多重度(縦軸)の関係

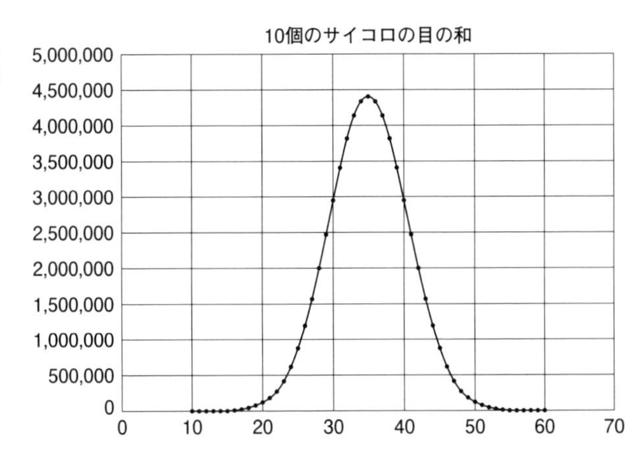

コインの表・裏

① 1枚のコイン

偶然を楽しむためにコインもよく使われます。コインの場合には、表(おもて)と裏ですので、例えば「行くか、行かないか」(二つの値)を偶然に任せて決める時に使われます。今、表が出た時に1、裏が出たら0とします。

1枚のコインを投げると1かまたは0になります。それを10回投げた場合、表と裏はどのような割合で出るでしょうか? もちろんこのコインには一切の細工をしていませんので、表が出るか裏が出るかは50:50ということです。サイコロを振ったり、コインを投げてどうなるかを試すような実験のことを**試行**と言います。この場合、10回投げることが１試行ということになります。

４回試行した結果を**図2-5**に示します。コインの表裏は偶然に出ますので、試行ごとに、表裏が出る順番は変わります。この図の横軸は投げた回数です。縦軸は出た数字を示します。この場合は１枚のコインですから、１（表）または０（裏）ということになります。４回の試行で出た数字を並べると、**(a)** の場合は（1,1,1,0,1,0,0,1,0,1）になります。**(b)**、**(c)**、**(d)** の場合には、それぞれ（1,0,1,1,0,0,0,1,0,0）、（0,0,0,0,0,1,0,1,0,1）、（0,0,1,1,0,1,1,0,1,0）となります。

一目瞭然ですが、１が出る規則性はありません。つまりランダム（滅茶苦茶）にコインの表は出ます。ビギナーズ・ラックとは言いますが、１回目に必ず１が出る訳ではありません。また、ラッキー・セブンとも言いま

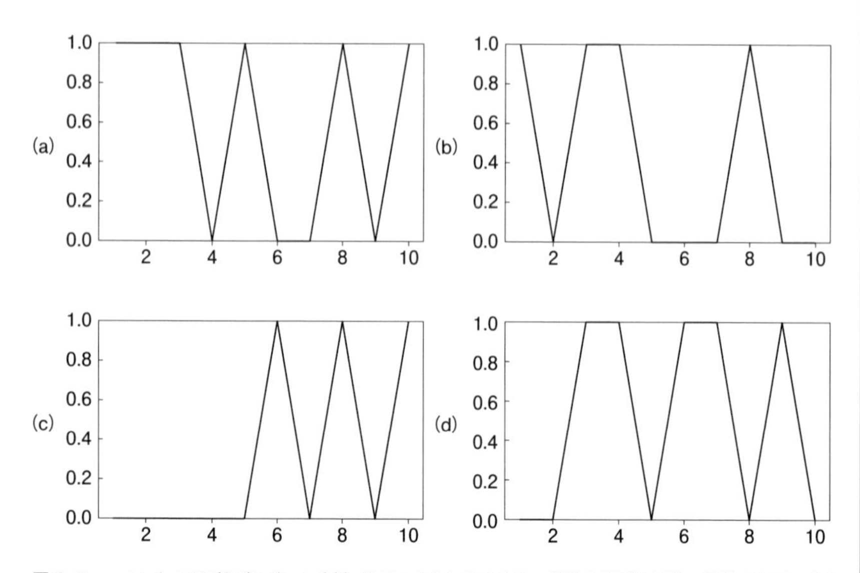

図 2-5　コインを 10 回投げた時、1（表）はどのように出るか？　横軸は投げた回数、縦軸は各回で出た表（1）または裏（0）を示す。(a) から (d) は独立した 4 回の試行。

すが、７回目に１が出たのは１回だけでした。１枚のコインを投げる限り、何百回投げても、０が出るか１が出るか、何の規則性も現れません。むしろ、話は逆で、一切細工をしていないコインですから、規則性が出て来るはずはない訳です。誰がやっても同じです。

図2-5を求めるために、コンピュータでコインを投げるシミュレーションを行っています。具体的には、０と１が出てくる確率が1/2になるようにコンピュータの中で０と１の数字をランダムに発生させています。ランダムに発生させた数のことを乱数と言います。変な言い方ですが、図2-5で0と1の出現頻度に偏りがないということは、ここで使っているコンピュータのソフトウェアが十分にランダムな数を発生させていることの実証になっています。規則的なことをやるのがコンピュータだと思っていた方は、やや違和感を持ったかもしれません。じつは偏りのまったくない乱数を発生させるのは結構大変なことです。

② 10枚のコイン

ところが、コインの数を増やすと状況は変わってきます。かなり騒がしい実験になりますが、10枚のコインを一度に無造作（無作為）に投げる場合を考えてみましょう。その結果を、表が出たコインの数ではなく、その割合で評価してみます。つまり、全部表になれば１で、全部裏になれば０、そして５枚表が出れば0.5ということです。

まずは10回試行した場合の一例を**図2-6**（a）に示します。結構不規則な出方をしていますが、明らかに図2-5の曲線とは雰囲気が異なることがわかると思います。さらに試行回数を100回にした場合の一例を（b）に示します。稀に、１、すなわちすべてのコインが表になることもありますが、縦軸の値はおおよそ0.2から0.8の間の値をとります。つまり、２から８枚のコインが表（1）になる場合が結構多くなるということです。さらに試行回数を増やして1,000回にした場合の一例を（c）に示します。ごくごく稀に１（10枚すべてのコインが表）または０（10枚すべてのコインが裏）

になることはありますが、0.3から0.7（3から7枚のコインが表）の間を振動していることがわかります。さらに試行回数を増やして10,000回にした場合の例を **(d)** に示します。頻繁に取る数字の範囲がさらに狭まって0.4から0.6の間になり、0.5付近が非常に密になっていることに注意して

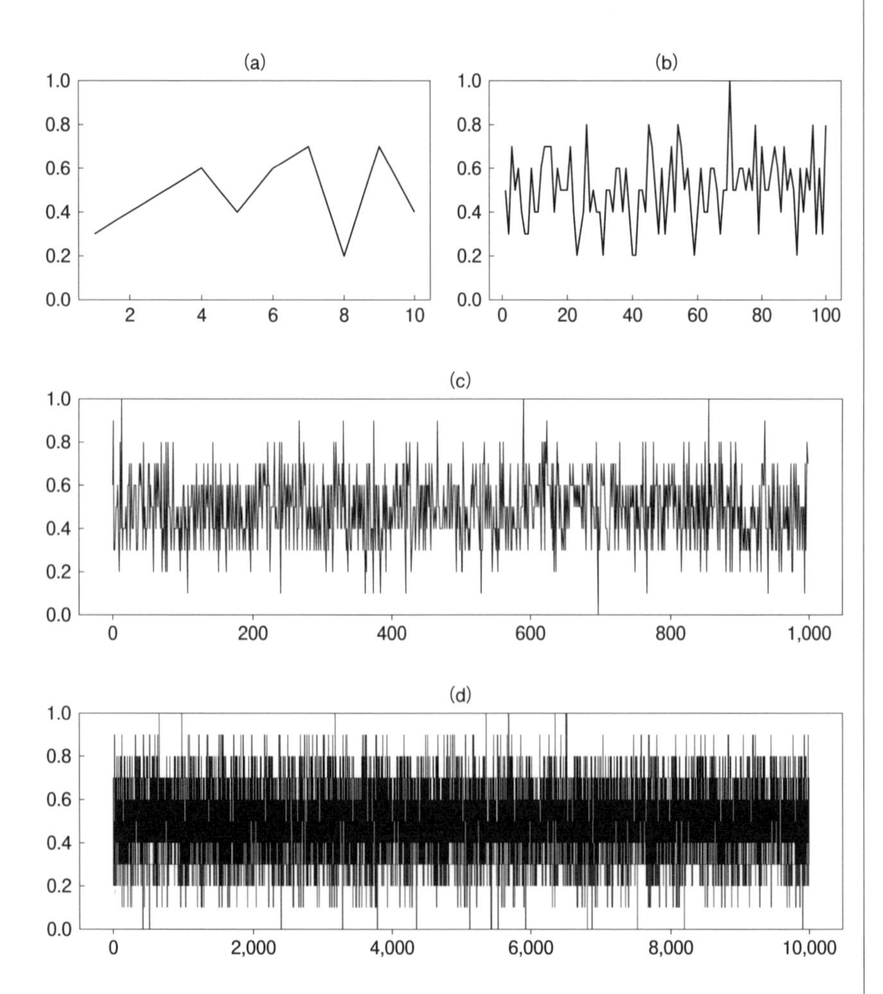

図 2-6　10 枚のコインを同時に無作為に投げた時に表の出るコインの割合。横軸は投げた回数、縦軸は表が出たコインの割合。

下さい。それでも、まれに0または1を取ることがあります。つまり10枚のコインを無造作に投げた場合に表が出る割合は、試行回数を増やすほど、0.5を中心とした狭い幅に収まるようになっていくことを示します。

一挙に1,000枚のコインを同時に無造作に投げる試行を10,000回行った結果を**図2-7**に示します。一目瞭然で、0.5の付近の値を取る場合が圧倒的に多くなり、今や0や1を取る場合は極めて稀になります。奇跡の起こる頻度は少なくなります。0そして1というのは、言うまでもなく1,000枚のコインが全て裏になる場合そして表になる場合です。

以上の結果は、投げるコインの数が多くなると、表が出る数の変動範囲は狭くなり、従って表の出るコインの数をより安定的に予想することができるようになることを示します。

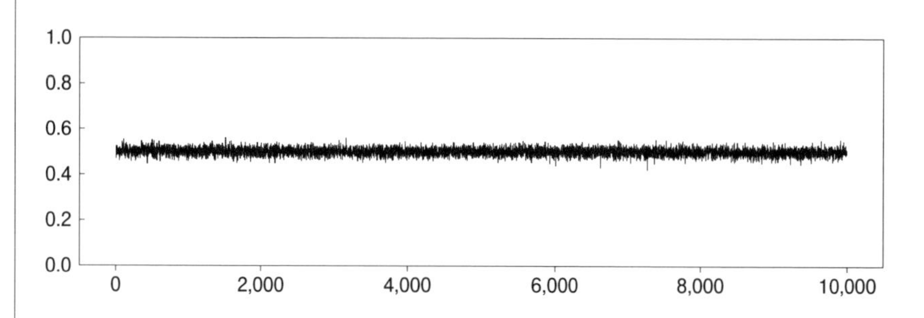

図 2-7 1,000 枚のコインを同時に無作為に投げた時に、表が出るコインの割合。横軸は投げた回数、縦軸は表が出たコインの割合。

③ 連続的に複数のコイン投げをする場合

N枚のコインがあります。コインの表が出たら1、裏が出たら0とします。第1に、すべてを裏（0）にしておきます。この時のコインの裏表の値の総和（C_0）は0です。第2に、N枚の中から、ランダムに1枚を取り出し、それを投げ、出たコインの値（0または1）をC_0に加え、C_1とします。投げたコインは出た面のまま残りのN－1枚の中に戻し、またN枚の集団にします。コインは表（1）か裏（0）かですので、$C_1=C_0$または$C_1=C_0+1$

になります。第３に、再びＮ枚のコインの中からランダムに１枚取り出して、それを投げ、出たコインの値をC_1に加え、C_2とします。この操作を同様に複数回繰り返した場合、コインの値の総和（C）がどう変動するかが、ここでの興味の焦点です。

論より証拠で、まず10枚のコインの場合を考えてみます。最初はすべてのコインが裏ですのでC_0は０です。10枚のコインがすべて裏なので、第２段階で、その内の一つを取って投げた時に起こる可能性とその結果のC値の変化は次の２通りです。

１）　再び０（裏）が出て、$C_1=C_0+0=0$
２）　１（表）が出て、$C_1=C_0+1=1$

もし１）のケースが起これば、C値には変化ありません。一方、２）のケースが起これば、第３段階では投げるべきコインが表と裏の二つの可能性がありますので、起こるべきことは次の４通りになります。

１）10枚の中から選択した裏（0）が表（1）になる場合。$C_2=C_1+1$
　0は10枚の内９枚ありますので、0を選ぶ確率は9/10であり、表か裏かは1/2の確率ですので、このような場合が起こる確率は（9/10）×（1/2）＝9/20になります。
２）10枚の中から選択した裏（0）が裏（0）になる場合。$C_2=C_1$
　１）と条件は同じですから、確率は9/20になります。
３）10枚の中から選択した表（1）が表（1）になる場合。$C_2=C_1$
　１は10枚の内１枚しかありませんので、1を選ぶ確率は1/10であり、表か裏かは1/2の確率ですので、このような場合が起こる確率は（1/10）×（1/2）＝1/20になります。
４）10枚の中から選択した表（1）が裏（0）になる場合。$C_2=C_1-1$
　３）と条件は同じですから、確率は1/20になります。

C値に変化のない、２）と３）が起こる確率は合わせて、(9/20)＋(1/20)＝1/2になり、C値が１上昇する確率は9/20ですので、現状維持以上（$C_2 \geqq C_1$）になる確率は合わせて19/20となります。一方、C_2が１つ減少する確率は1/20です。つまり、このまま試行回数を増やすとC値はどんどん大きくなる傾向にあることが予想されます。

それでは、ここまでのことを踏まえて、10枚のコインを投げてどうなるかを、コンピュータを使ってシミュレーションしてみます。**図2-8**に10枚のコインを1,000回ずつ投げた場合のC値（縦軸）を示します。投げた回数を横軸に示します。1,000回投げる試行を３度（(a)から(c)）行っています。

３度とも、最初の段階では曲線は上昇します。初期設定時にすべてのコインを裏（0）にしたのですから、確率1/2で表が出ることを考えると、これは当然のことです。この曲線の上下の変化をよく見るとわかると思いますが、いったんC＝5まで増加した時点から、曲線に不規則な上下運動が出てきます。

そこで、C＝5になった時のC値の変化の可能性について考えてみましょう。C＝5になった時点では、次の４通りの可能性があります。

１）10枚の中から選択した裏（0）が表（1）になる場合。$C_6 = C_5 + 1$
　0は10枚の内５枚ありますので、0を選ぶ確率は1/2であり、それが表になるか裏になるかは1/2の確率ですので、このような場合が起こる確率は（1/2）×（1/2）＝1/4になります。

2）10枚の中から選択した裏（0）が裏（0）になる場合。$C_6 = C_5$
　0は10枚の内５枚ありますので、0を選ぶ確率は1/2であり、それが表になるか裏になるかは1/2の確率ですので、このような場合が起こる確率は（1/2）×（1/2）＝1/4になります。

３）10枚の中から選択した表（1）が表（1）になる場合。$C_6 = C_5$

1は10枚の内５枚ありますので、1を選ぶ確率は1/2であり、それが表になるか裏になるかは1/2の確率ですので、このような場合が起こる確率は（1/2）×（1/2）＝1/4になります。

(a) 10枚のコインを1,000回投げる：1回目の試行

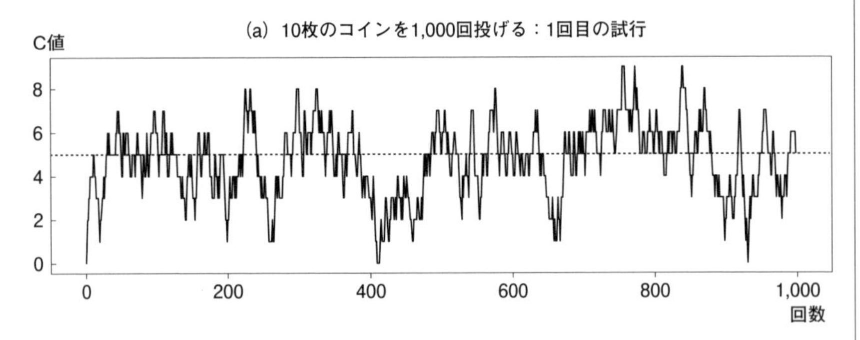

(b) 10枚のコインを1,000回投げる：２回目の試行

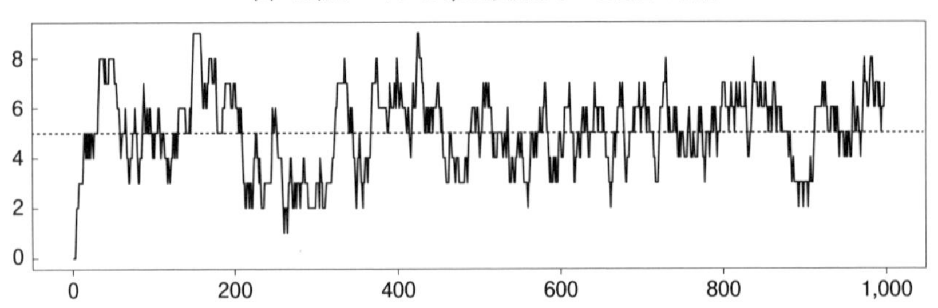

(c) 10枚のコインを1,000回投げる：３回目の試行

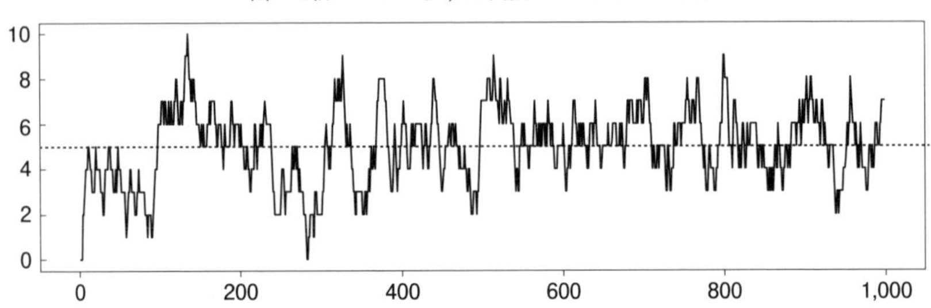

図 2-8　第1に、10 枚のコインをすべて裏にする。第 2 に、10 枚のコインから無作為に 1 枚取り出して投げ、そのコインを残りの集団に戻して再び 10 枚のコインにする。この時の 10 枚中にある表のコイン数を記録する。第 2 の手続きを連続して 1,000 回繰り返し、表になったコイン数の変化の推移をみる。

4）10枚の中から選択した表（1）が裏（0）になる場合。$C_6=C_5-1$
1は10枚の内５枚ありますので、1を選ぶ確率は1/2であり、それが表になるか裏になるかは1/2の確率ですので、このような場合が起こる確率は（1/2）×（1/2）＝1/4になります。

C値が５に達すると、現状維持の確率が合わせて1/2、上昇および下降の確率がそれぞれ1/4になります。すなわち、C＝5になると、曲線はC＝5（点線）を中心に上下に振動するようになります。じつはこの現象こそが重要です。

図2-9には、100枚のコインを1,000回投げる試行を行った時のC値を示します。ここでは(a)から(c)まで３度だけの結果を示します。共通の傾向は200回近くまではC値は増加していき、C＝50に達した辺りから、C＝50の線を上下することです。この傾向は、10枚のコインを100回投げる試行の場合より、より明瞭になっています。

さらに数を増やしてみましょう。**図2-10**には、10,000枚のコインを100,000回投げる場合の様子を示します。３度の試行の結果はほとんど同じになり、コインの数および投げる回数を増加するほど、同じ運命を辿ることを示します。25,000回あたりまではC値は増加し、C＝5000に達すると曲線はX軸に平行になります。そしてC＝5000を中心にして細かい振動が見られます。ちょうど、C＝5000 から離れると復元力が働いてC＝5000のラインに戻されているように見えます。

このように、**ある値を中心に細かく振動するような状態を平衡状態**と言いますが、まさに図2-10ではその平衡状態に達することが見えます。もう初期の状態にはまったく戻る気配すらありません。奇跡が起こることは絶望的になります。

いったん平衡状態に達してしまうとなぜ初期状態に戻らないのかについて、確認してみましょう。図2-9の100枚のコインを投げる場合で考えてみます。

C＝50に達した後で初期値に戻っていくためには、少なくとも50枚の表のコインが連続して裏になる必要があります。表と裏の出る確率は1/2ですから、連続50回裏が出る確率は$\left(\frac{1}{2}\right)^{50}$ということになります。これは$\frac{1}{10^{15}}$つまり0.000000000000001の確率ということになり、ほとんど絶望

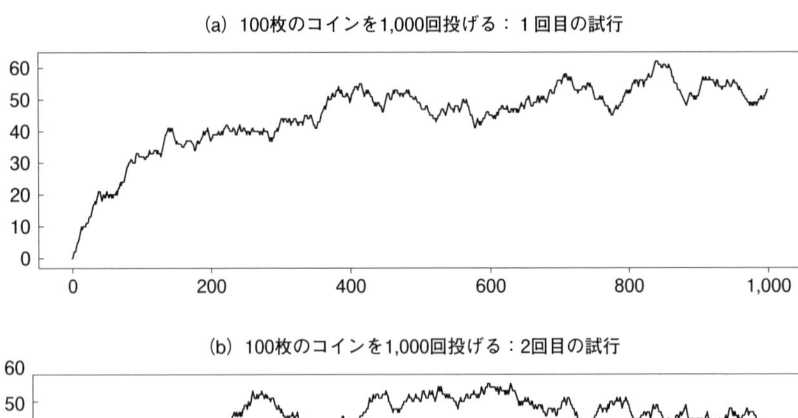

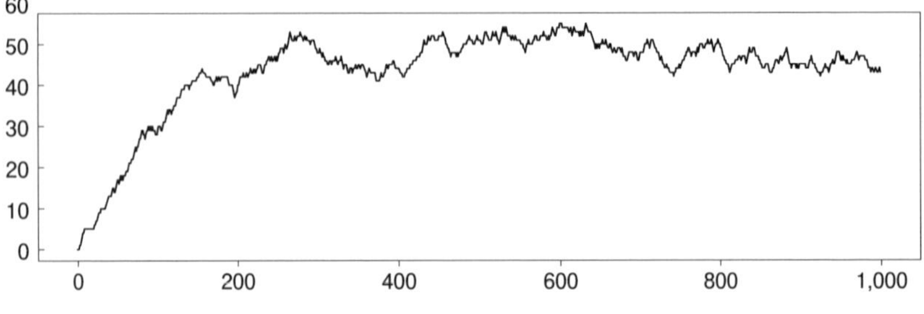

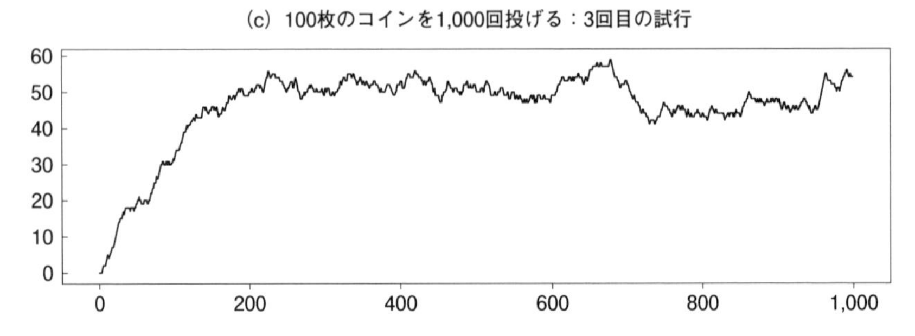

図 2-9 図 2-8 で行ったコイン投げと同じことを「100 枚のコインを 1,000 回投げる」という条件で行った結果。横軸は投げた回数を、縦軸は表になったコインの数を示す。

的に起こらないことになります。つまり、**いったん平衡状態に達してしまうと、元の状態に戻ることは絶望的**ということです。このことは、本書の主題であるエントロピーという量を考える上で非常に重要です。

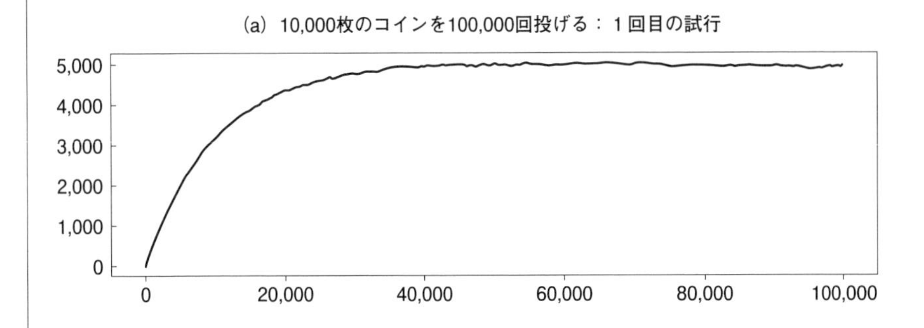

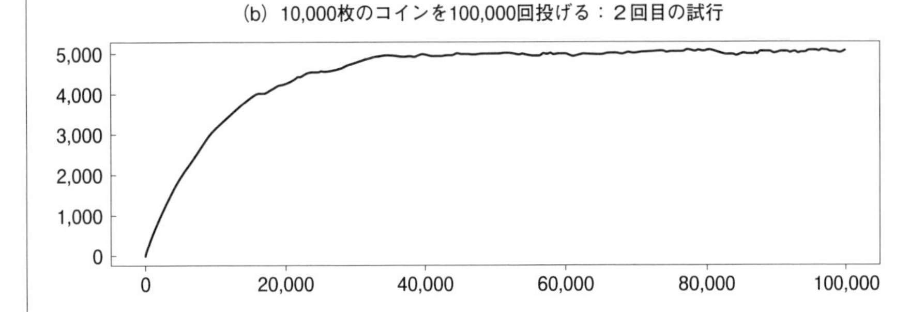

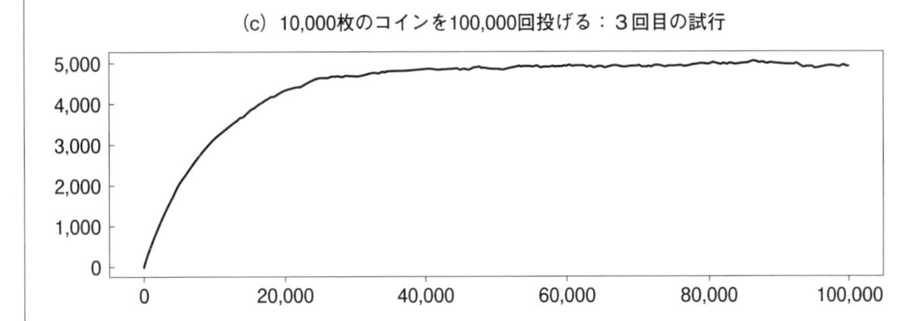

図 2-10　図 2-8 で行ったコイン投げと同じことを「10,000 枚のコインを 100,000 回投げる」という条件で行った結果。

④　平衡状態にどの程度強く引っ張られるか

後でも述べますが、ここで時間のことについて少し触れておきます。図2-9の場合、1回のコイン投げに1秒かかるとすると、おおよそ400秒後には平衡状態に達して、それ以降は平衡状態が未来永劫続くということになります。図2-10の場合、平衡に達するまで35,000回のコイン投げが必要だとすると、35,000秒後には平衡状態に達し、それ以降は未来永劫変化がほとんどなくなります。

コインの数が増えると平衡状態に達する時間は多くかかりますが、確実に平衡状態に達します。また、平衡状態に達した後にコインを投げ続けても、曲線はひたすらこの図で右側に向かってX軸に平行に進み、決してこの曲線を後戻りしたり、上下に大きく揺れたりすることはありません。時間はいつでも一方向（未来）に進むだけで、決して過去には戻らないことと同じです。

これまでの例では、投げるコインの数が多く、また投げる回数が多いと（つまり時間が経つと）、いずれ平衡状態に達し、いったん平衡状態に達すると、もう滅多なことでは初期状態には戻れない（戻らない）ということをお話ししました。

コインの数が少ないと平衡状態になる傾向は小さく、コインの数を増やすにつれ、次第に平衡状態に持って行く傾向が強くなります。ちょうど、平衡状態に達するまでは上向きに引っ張る力が働き、その力はコインの数に応じて強くなるようです（ただし金属でできたバネのように、実際に「力」が働いている訳ではないので、傾向の大小を「力」という言葉で表すのは適切ではありません）。では、いったいどのような「力」が平衡状態に向かわせているのでしょうか？　この「力」のようなものは何かについて次に説明します。

シャノンの情報エントロピー

①　情報の曖昧さ

じつは、**平衡状態に向かわせそして平衡状態を維持する「力」のようなものは、「情報の曖昧さ」というもの**です。これを理解するために、まずは**図2-11**（a）のように、４個の仕切られた全く同じ箱があり、その一つに「当たり」の品物がある場合を考えてみます。質問をして、この品物がどの箱にあるのかを当てるゲームです。箱の形状と数は、あらかじめ質問者には知らされています。質問に対して、主催者は「はい」または「いいえ」の答えをしてくれます。一番単純な質問の仕方は、次のようなものです。

1）１番の箱ですか？
2）２番の箱ですか?
3）３番の箱ですか？
4）４番の箱ですか？

この場合、箱が４個あり、４番目の箱に当たりが入っていますので、３回目までの質問に対する主催者の答えは「いいえ」です。もちろん、４回質問すれば最後には当たります。しかし、もし箱が（c）のように16個もあると、このような質問の仕方では、16回の質問をする必要があります。何とも能率が悪いやり方です。そこで質問の仕方を変え、次のように質問してみます。

1）当たりは右半分にありますか？
2）当たりは下半分にありますか？

このやり方だと、（a）の場合、２回目の質問に対する答えから、当たりの位置を特定できます。箱が８個ある(b)の場合には３回、そして箱が16個ある（c）の場合には４回の質問をすれば当たりに到達します。(d)のように32個の箱が並んでいる場合、左端からその箱にあるかないかをしらみ潰しに質問をすると、32回目でやっと正解ですが、２番目の方式、つまり可能性のある領域を半分に分ける質問の仕方をすると、わずか５回の質問で当たりに到達します。

世の中には、相手を困らせるために「質問のための質問」をする人もい

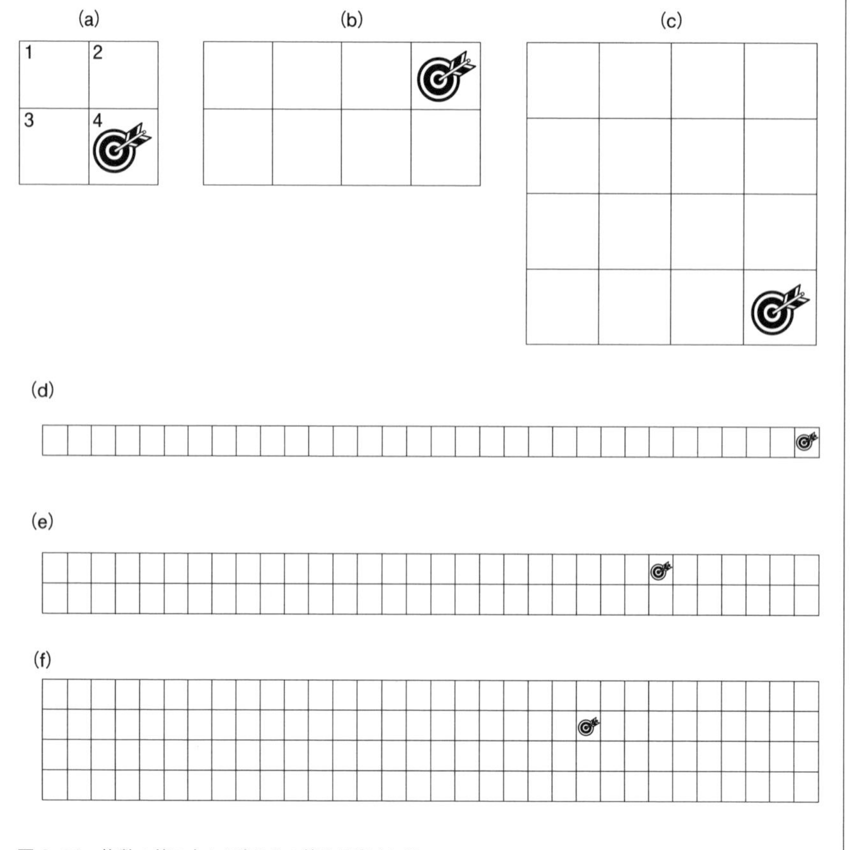

図 2-11　複数の箱の中から当たりの箱を見出すには……

ますが、私たちは通常相手から自分の欲しい「情報」を得るために質問をします。別の言い方をすると、しなければいけない質問の回数が多いということは、情報がそれだけ不足しているということです。(a) の場合には、箱の数はたかだか4個なので、答えるべき範囲は1から4と非常に狭く、当たりを特定するには多くの情報が必要ではありません。従って、その情報をもとに当てずっぽうに質問しても当たる確率が高い訳です。一方、箱の数が128もある (f) では、判断に用いなくてはいけない情報の範囲がかなり広くなります。上手に質問すれば6および7個の質問をすることで、64および128個の箱がある (e) そして (f) でも確実に正解に到達できますが、質問数は自ずと増えます。

一般に情報の範囲が広くなれば、情報の確実度は下がります。別の言い方をすると情報の質が下がります。インターネットには情報が氾濫していますが、信頼でき、真に活用できる情報はわずかです。「信頼に値する情報」をゴミのような情報の巨大な山から掘り出すのは容易ではありません。

箱の数と「当たり」を当てるためにすべき最低の質問数との関係について、改めて見てみましょう。(a) (b) (c) (d) (e) および (f) の箱の数は4、8、16、32、64そして128であり、最低必要な質問数は2、3、4、5、6および7です。1回の質問で箱の数を1/2にしぼれることと、箱の数が2^2、2^3、2^4、2^5、2^6および2^7であることには関係のあることがわかります。箱の数が2個、4個そして8個の場合に必要な質問数は1、2そして3ですので、箱の数と質問数との関係は、(箱の数) $= 2^{(\text{質問数})}$ ということになります。この関係を2を底とする対数で表せば、

$$(\text{質問数}) = \log_2 (\text{箱の数}) \quad \text{----------} \ (2\text{-}1)$$

ということになります。「対数」について、次ページコラム1の「対数」で簡単に説明しましたので、対数を学んだことのない方や忘れた方は参照してください。

コラム１　対数

非常に大きい数1,000,000,000や非常に小さい数0.000000001を表示する場合、このように書くと不便なことが少なくないので、10^9や10^{-9}のように表現されることが少なくありません。この方法を使うと、任意の数字yをa^xと表現できます。この時のxを「指数」とよび、このような形式で表現される関数を「指数関数」と呼びます。またこの時のaは「底」と呼ばれます。16を、２を底にして指数で表すと、2^4になります。また４を底にすると、4^2になります。つまり底は任意に選べますから、底を10にとれば、$16=10^{1.2041\cdots}$になります。コンピュータ科学では２進法をもっぱら使うので底に２を使いますが、10進法で溶液の希釈などを行う分野では底に10を使うことが一般的です。

大きな数字の時、その桁数に注目したいことがよくあります。その時は$y=a^x$におけるxの値に注目する訳ですが、この式だと見づらいので、xに注目するために「$x=\log_a y$」と表現します。このlogで表現される数字を「対数」とよび、この形式で表される関数を「対数関数」と言います。aは底を表します。

それでは、上述の16という数字の対数を考えてみます。底を2とした場合の16の対数は$\log_2 16$になります。$16=2^4$ですから、$\log_2 16=\log_2 2^4=4$になります。またもし底を４にすると$\log_4 16=\log_4 4^2=2$になります。また底を10にすれば、$\log_{10} 16=\log_{10} 10^{1.2041\cdots}=1.2041\cdots$になります。このように対数は底をどのような数字にするかで値は変わります。

私たちの日常では、ほとんど10進法を使いますので、底を10にすることが多いのですが、物理学や化学では、実際の物理化学的な現象において「ネイピア数（e）」が基本の数になることが非常に多いので、e（2.71828）を底とした対数や指数で表現することがほとんどです。

10を底とする対数を「常用対数」と呼び通常logで表示するのに対して、eを底とする対数は「自然対数」と呼ばれ、通常 lnで表示されます。先の16の常用対数$\log_{10} 16$は1.2041…になり、自然対数 ln16は2.7725…ということになります。自然対数で表すときは底が自明なので通常示しません。

本書では対数の差が出てきますので、最後に底が aである二つの対数$\log_a A$と$\log_a B$の差がどのように表されるかを簡単に説明します。まず和 $\log_a A+\log_a B$について、見てみましょう。$\log_a A=x$そして$\log_a B=y$とおくと、対数の定義から$A=a^x$そして$B=a^y$になります。$A \cdot B = a^x a^y = a^{x+y}$、つまり$a^{x+y}=A \cdot B$ですから、底がaの対数を両辺について取れば、$x+y=\log_a(A \cdot B)$となり、左辺を元の対数に戻せば、$\log_a A+\log_a B= \log_a (A \cdot B)$になります。同様な考えで差を求めれば、$\log_a A-\log_a B= \log_a(A/B)$になります。

さて、**式(2-1)**を推測した箱の数は、1、2、4、8、16、32、64そして128でしたが、箱の数を一般の整数Nで表し、質問数を変数IEで表すと、式(2-1)は、

$$IE = \log_2 N \quad \text{-----------} \ (2\text{-}2)$$

になります。

ここでなぜIEと表すかについては後で説明します。**「当たり」を探り当てるために必要な質問数は、より一般化して考えると「どこにあるかに関する」情報の「曖昧さ」と考えることができます。**選択肢(箱の数)が多くなると、場所に関する情報の曖昧性が高くなるので、目的とする「当たり」の箱を探り当てるためにより多くの情報が必要になります。選択肢(箱の数)が多くなるということは、どこにあるのかを簡単には探せなくなるということです。

物をしまっておく引き出しが1個しかなければ、そこを探せばよいのですが、引き出しがたくさんあると、場合によってはしらみ潰しに端からすべての引き出しの中を探すことになります。すなわち**式(2-2)**において、IEは情報の曖昧さの程度を表すと考えることができます。IEが小さいと曖昧性が低いので、目的の箱を容易に特定できます。逆にIEが大きいと、目的の箱の場所が曖昧になり、たくさんの質問をしなくてはいけない、ということです。これからしばらくの間、**IEのことを「情報の曖昧性」**と呼ぶことにします。

② 情報の曖昧性が大きくなる方向に物事は進む

それでは、「情報の曖昧性」の観点からコインの表裏の例について、再度考えてみましょう。ここでは、どのコインが表(おもて)(1)になるかに注目します。

コラム２　場合の数

A、BそしてCの文字を並べる仕方は**コラム2-図-1**（a）のように６通りあります。この組み合わせを書き出す場合、(b)のようにまず１番目に持ってくる文字を選び、次に２番目に持ってくる文字を選び、最後に３番目に持ってくる文字を選びます。第１文字の選び方は３通りありますが、２番目の文字は使っていない残りの２文字から選ぶので２通りあります。第３文字は、１通りの選び方しかありません。従って、全部では、3×2×1通りの６通りになります。3×2×1と書くのは厄介なので、数学ではこれを3!と表します。この記号を使うと、n個の異なる文字を並べる仕方の総数は$n!$個ということになります。この計算法を知っていると、いちいち(b)のように数え上げる手間が省けます。

次にA、B、C、DそしてEの５文字から３文字を選ぶ方法について考えます。並び方の順序は問いません。つまり、例えばA、BおよびCの文字を選ぶ場合、ABCでもCBAでも、３文字さえ含めば良いとします。まず、これら５文字を並べてみます。５文字並べる方法は全部で5!通りあり、その中に選ぶべき３文字の組み合わせはすべて含まれています。**コラム2-図-2**に示すように、頭からABCの３文字が並んだ場合について考えると、３文字のすべての組み合わせ、すなわち3!通りがこの中に重複して含まれています。また残りの２文字についての組み合わせも 2! 通りが重複して含まれます。従って、とにかくA、BおよびCを含んでいればよいという条件を満たす文字の選び方は 5!/(3!×2!) 通りということになります。この例から推測されると思いますが、異なるn個の中から、異なるr個を選ぶ方法は、$n!/(r!(n-r)!)$ 通りあることになります。これを数学では**nCr**という記号で表します。

最後に、３文字から重複を許して２文字を選ぶ方法について考えてみます。**コラム2-図-3**に示す、A、BおよびCから2文字選ぶ方法です。左の欄にあるように、６通りの方法が可能です。右の欄に示すように、３文字の間に区切り「｜」を入れ、その間に選ぶべき文字の数に対応するように○を入れます。区切り｜の数は、全文字数から１を引いた数字です。2個の○と2個の｜を並べる総数は 4! になります。しかし○も｜も区別できませんので、その重複分を考慮する必要があり、独立な数は 4!/(2!×2!) ＝6通りになります。これを一般のn個の異なる文字から重複を許して r 個選ぶ場合に拡張すると、その総数は$(n+r-1)!/(r!\times(n-1)!)$になります。$r!$は○の並べ方の重複分を、$(n-1)!$ は区切り記号｜の並べ方の重複分を考慮するための数字です。これを数学の記号では、nHrと表します。

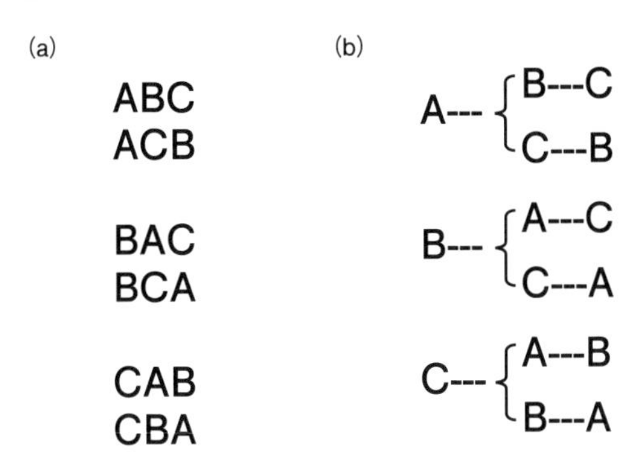

コラム 2- 図 -1　ABC の文字の並べ方

ABCDE
5!

ABC-DE
ABC-ED
BAC-DE
BAC-ED
CAB-DE
CBA-ED
どれでも良い
3!　2!

コラム 2- 図 -2　ABCDE の 5 文字から 3 文字を選ぶ方法（${}_5C_3$）

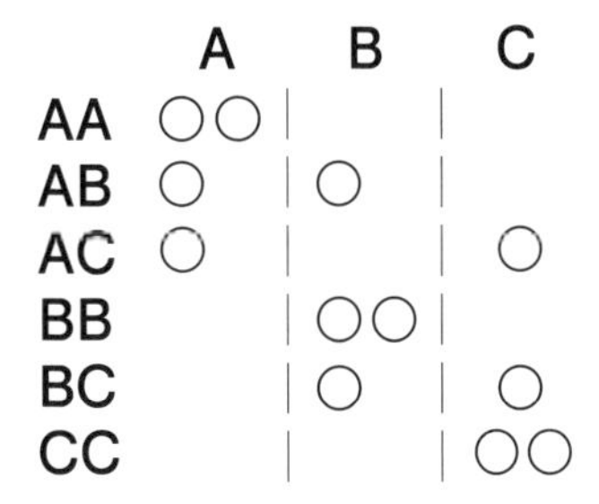

コラム 2- 図 -3　ABC の3文字から重複を許して 2 文字を選ぶ方法（${}_3H_2$）

まずは４枚のコインの場合を考えます。**図2-12 (a)** に示すように、すべてのコインが裏つまり０である場合は１通りです。この図では４枚のコインをA、B、CおよびDで区別します。４枚のコインの内の１枚が１（表）になる場合は、４通りあります。つまり、表になったコイン（「当たり」）が４個の箱のどこかに入っているのですが、その入り方には４通りあるということです。２枚のコインが１になる場合は、６通りあります。場合の数（箱の数）が増えるので、表になったコインがある位置を正確に当てる確率は下がります。同様に、３枚そして４枚のコインが１になる場合は、それぞれ４および１通りになり、場合の数は少なくなります。つまり表になったコインの位置を当てる確率は高くなっていきます。**図2-12 (b)** に情報の曖昧性 *IE*（縦軸）とコインの表の数（横軸）の関係を示しました。表の数が２個になった時に、曖昧性は2.6ほどになり、最高になります。

(a)

表の数の合計	コインの並び方	並び方の総数	*IE*
	ABCD		
0	0000	1	0.00
1	1000	4	2.00
	0100		
	0010		
	0001		
2	1100	6	2.58
	1010		
	1001		
	0110		
	0101		
	0011		
3	1110	4	2.00
	1101		
	1011		
	0111		
4	1111	1	0.00

(b)

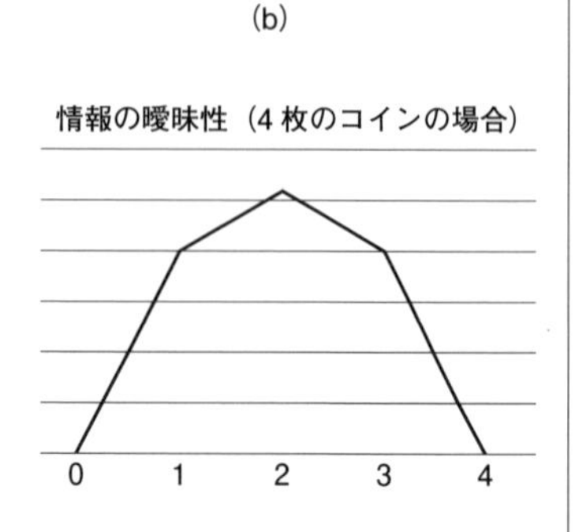

図 2-12　裏表を考慮した４枚のコインの並び方と情報の曖昧性 (*IE*)
(a) ４枚のコインの並べ方をすべて羅列して、表になるコインの合計枚数から、コインの並べ方を特定する情報の曖昧性を求める。
(b) 表になるコインの枚数（横軸）と情報の曖昧性（縦軸）の関係

コインの数が４枚程度だと、図2-12のようにすべての並び方を数え上げるのはそれほど大変ではありませんが、10枚にもなると数え上げるのはとても大変です。幸い、*n* 枚のコインの内、*r* 枚が表になる場合の数は、46ページのコラム２「場合の数」に述べられている計算方法で求めることができます。すなわち、

$$\frac{n!}{(n-r)!r!}$$

で計算できます。$\frac{n!}{(n-r)!r!}$ は${}_nC_r$という記号でも表します。この式を使って$n=10$の場合について計算した結果を**図2-13**に示します。表（1）の数が5になるまで、並び方の総数も*IE*の値も上昇します。しかし、5を過ぎるといずれの値も小さくなります。図2-8に示した、10枚のコインを何度も投げ、表（1）になったコインの数を調べる実験を思い出して下さい。

(a)

表の数	並び方の総数	*IE*
0	1	0.00
1	10	3.32
2	45	5.49
3	120	6.91
4	210	7.71
5	252	7.98
6	210	7.71
7	120	6.91
8	45	5.49
9	10	3.32
10	1	0.00

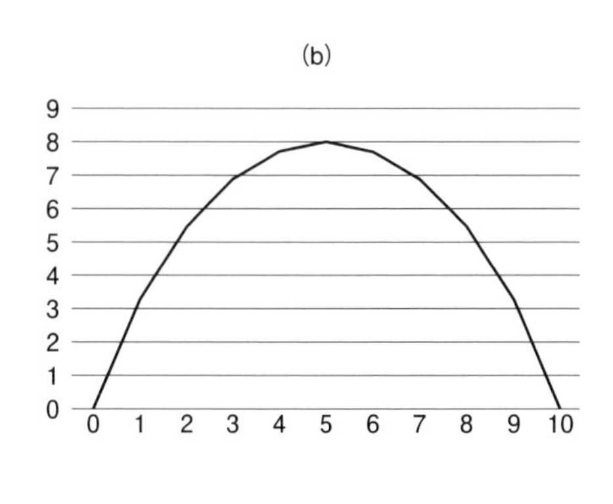

図 2-13　裏表を考慮した 10 枚のコインの並び方と情報の曖昧性 (*IE*) の関係
(a) 並び方の総数が大きくなると *IE* も大きくなる
(b) 表になったコイン枚数（横軸）と *IE*（縦軸）の関係

曲線は結構ギザギザしていますが、まず0から5まで上昇し、5に達すると5を中心に上下に揺れます。5のレベルから外れると、ちょうど5のレベルに引き寄せられるように5のレベルに戻るように動きます。**図2-13（b）**を見て明らかなように、*IE*（曖昧さ）は5の時に最大値になります。

つまり、***IE*の曲線はその値が最大になる方向に進み、そしてその最大値を保つように推移する**ということです。つまり、**平衡状態を維持する力は、*IE*を最大にする力**と言えます。力学的な力ではないので力という表現は適切ではありませんが、感覚的には「*IE*を最大にする力」が働いているように見えます。

その強さはコインの数が増加するに従って強まります。コインが100枚になると図2-9に示すように50のレベルの上下にわずかに振動するだけになります。この時の*IE*の変化は、**図2-14**のようであり、表のコインが50枚の時の*IE*は非常に大きくなり、強い力で平衡状態を維持するようになります。図2-14の曲線が50を中心に左右対称であることは、表のコインが49や51になっても、同じ力で50に戻されるということを意味します。

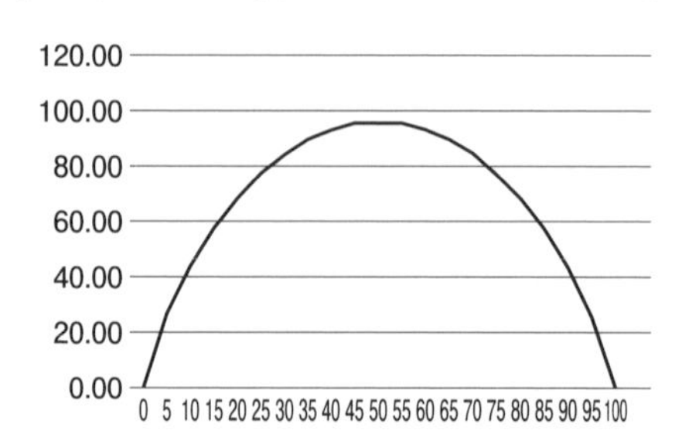

図 2-14　裏表を考慮した 100 枚のコインの並び方。横軸は表になったコインの枚数、縦軸は *IE* を示す。

③　情報の価値はどんどん下がる

数学者クロード・シャノンは、45ページで出てきた式（2-2）、つまり**式 $IE = \log_2 N$ を「情報エントロピー」と名付けました**。通常、シャノンの情報エントロピーは*H*で表記されますが、後で出てくるエンタルピーという量もHと表記されるので、本書では情報エントロピーを表す英語information entropyの頭文字IEを使うことにします。

本書ではまったく述べませんが、シャノンの情報エントロピーは今日の情報理論を構築する上で非常に重要な概念です。繰り返しになりますが、IEが大きくなるほど情報の曖昧性が高くなります。情報を利用するという立場からは役に立たなくなります。利用価値の高い情報のIEは小さくなります。しかし、すでに述べたように、どのような場合でも試行を繰り返す内に、情報エントロピーは次第に増加してゆき、情報の価値はどんどん下がっていきます。

さて、これまで$IE=\log_2 N$のNはN枚のコインで考えてきましたが、別の表現にすれば**「N個の取り得る状態の数」**と言えます。また式（2-2）を、正解を得るために必要な「はい」または「いいえ」の質問数を得る目的で使いましたが、「情報の曖昧性」を知るためには、このような「はい」と「いいえ」で答える二分質問法にこだわる必要もありません。つまり式（2-2）は2を底とする対数でしたが、数学や自然科学（特に物理学）でよく使われるe（ネイピア数、53ページのコラム３参照）を底とする自然対数で表したIEを使っても良い訳で、自然界での問題との対応付けをする上では、むしろ自然対数に換算しておいた方が便利です。ネイピア数eは2.71828…という実数（超越数）です。また、状態の数はWで表現することが多いので、この際NもWで置き換えてしまいます、すると、式（2-2）は、

$$IE = \log_2 N = 1.442695 \times \log_e W = 1.442695 \times \ln W$$

になります。Wの自然対数は通常$\ln W$と表記され、底（e）は示しません。1.442695…は底を2からeに変換する時に必要な係数です。この係数をAとすれば、

$$IE = \mathrm{A}\ln W \text{ ---------- (2-3)}$$

となり、これがシャノンの情報エントロピーの一つの表現方法になります。

式(2-3)が示すように、取り得る状態数Wが多いと、情報エントロピーも大きくなります。また試行回数を増やしていくと、それにつれて状態数Wは自然に増加します。従って、「時」とは「試行回数を重ねることである」と考えると、**自然の状態（意図的に何かをしない限り）では、常に情報エントロピーIEが増加する方向に事態は進んでいく**ことが、この式からわかります。

ここで、「自発的」という形容詞の定義について触れたいと思います。国語辞典では「物事を自分から進んで行うさま」と定義されており、そこには「行為を行う人の意識が働く」意味が強く含まれています。しかし、科学の世界で「自発的」と言う場合には少し異なる意味で使われます。科学で「ある事が自発的に起こる」と表現する場合、「ある事」は外からの影響（エネルギーの供給など）を一切必要とせず、それ自身が持っている性質で、「自然に起こる」ことを意味します。

例えば、種も仕掛けもないコインを投げる試行を無心にただただ続けると、ある一定の状態に自然に近づいていく過程は、自発的過程と言います。この章で行ってきたサイコロやコインを使う試行は全てランダムでしたから、この言葉を使えば、「自発的な過程では情報エントロピーは必ず増加する」と表現できます。

コラム３　ネイピア数（e）

世の中には、不思議な性質をもつ数字が幾つかあります。例えば黄金分割比に現れる$1:\frac{1+\sqrt{5}}{2}$という比です。この1:1.618…という比に多くの人間は美しさを感じます。

芸術の話から少し景気の良いお金の話にしましょう。金利が低い今の世の中では夢のような話です。100万円を1年間預けると利子が100%付くという話です。このままでも十分嬉しい話ですが、1年間に100％の利子を半年ごとの50%の利子にできたらどうでしょう。半年後に元利合計を再度半年間預けるのです。これはいわゆる複利計算です。この場合1年後の元利合計は1.5×1.5＝2.25百万円になりますので、1年間100%の利子で預けるより、利子は25万円も増えます。

それではこの調子で、３ヵ月ごとに25％の利子にしたらどうなるかを計算すると、$(1.25)^4 \fallingdotseq 2.44$百万円になりますので、1年間100%の利子で預けるより、約44万円もお得になります。さらに調子に乗って、１日ごと、100/365%の利子をつけてもらったらどうなるでしょうか？　元利合計は$\left(1+\frac{1}{365}\right)^{365} \approx 2.718$百万円になり、利子は増加しますが、どうも伸びがだんだん悪くなっていきます。じつは、このように期間を短くして複利計算をしていくと、元利合計はある所で頭打ちになります。その時の元利合計と元金の比がネイピア数(e)です。eの値は2.71828182846…ですから、どんなに頑張っても元利合計が272万円以上の利子を付けることはできません。欲張りな人にとっては、ネイピア数は悪魔の数字かも知れません。

じつは、ネイピア数は複利計算だけでなく自然界の非常に多くの現象に見られる数字です。例えば、人口論で有名なマルサスは、人口の時間による増加にネイピア数が深く関係していることを示しました。つまり初期人口をP_0とし、ある時間 t が経過した後の人口をPとすれば、$P=P_0e^{ct}$に近い数に増加するということです。cは定数です。一方、増加ではなく減少方向では、放射性同位元素が崩壊していく過程でも、ネイピア数が絡んできます。ある放射性同位元素の数の初期値をN_0とし、ある時間 t が経過して崩壊した後の数をNとすると、$N=N_0e^{-\lambda t}$になります。ここでもネイピア数eが減少の度合いを決める重要な数字として登場してきます。

以上のように物理化学現象だけでなく多くの増加・減少を伴う現象においてネイピア数が重要な役割を演じるので、これらの現象を数式で扱う場合には、底にネイピア数eを用いるのが通例になっています。最後に、やや難しい表現になりますが、「ある量xの変化する割合がx自身に比例する時、xはe（ネイピア数）を底とする指数関数で表される」ことになります。そして、このような現象は自然界にたくさんあるということです。

3

物質界におけるエントロピー

これまでは、もっぱらサイコロやコインの世界の話をしてきましたが、同様のことが私たちの暮らす「物質の世界」でも起こるのでしょうか？　また起こるとすると、コインやサイコロの世界で起こることとどのように違うのでしょうか？　この章では、私たちも含めた物質界におけるエントロピーの変化についてお話しします。

具体的には、最終的にシャノンの情報エントロピーが、物理学（熱力学）でいうエントロピーと等価であることを説明することが目的です。

情報というある意味で捉えどころのない量が、じつは物理学で扱うれっきとした物理量と等価であることを示すことです。もっと先走れば、場合の数が増加する方向に世の中は進む、すなわちエントロピーはどんどん増大するという法則は真理と考えてよい、という確信を得ることにあります。

コイン投げの復習

ここで改めて10枚のコインをランダムに投げる場合について、**図3-1**で復習します。もちろん、コインには何の細工もしてありません。

まず、すべてのコインを裏にしておきます**(1)**。その内の１枚をランダ

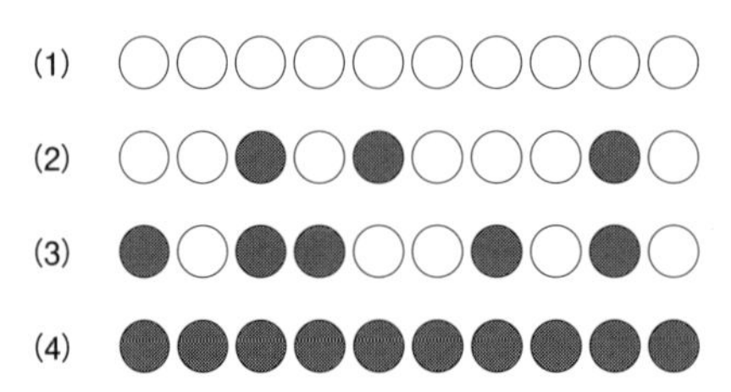

図 3-1　10 枚のコインから 1 枚を無作為に取り出して投げては、そのコインを元の 10 枚に戻すことを繰り返す。(1) 10 枚すべてが裏（初期状態）(2) 3 枚が表 (3) 5 枚が表 (4) 10 枚すべてが表

ムに取り出し、投げます。表か裏になりますので、それを残りの９枚に戻して元の10枚にします。続いて同じようにランダムに１枚を取り出し、投げ、そして元に戻します。この操作を繰り返していくと、10枚の中にある表のコインの数は次第に増えていきます(2)。

しかし表のコインの数が５枚になったところ(3)で、表のコインの数は一進一退するようになります。コインがすべて表になる(4)の状態になることも、逆にすべて裏の（1）の状態に戻ることもほとんどありません。この一進一退の状態を平衡状態と言いました。いったん、平衡状態に達すると、平衡状態に強く引き戻す力が働き、容易に平衡状態から大きくずれることは許されません。平衡状態に戻す力はコインの数が増加するにつれ、どんどん強くなります。また、コインを投げるという試行を繰り返すと、どんどん平衡状態の方向に引っ張られていくことになり、ちょうど蟻が蟻地獄に落ちた時のように、そこから抜けることはほとんど不可能になります。

（1）から（3）そして（4）から（3）に引き寄せる力は「情報の曖昧さ」すなわち「情報エントロピー」です。情報エントロピーは試行を繰り返すと、一方的に増加して（蟻地獄では落ちて行く方向ですが）いくことになります。

気体分子の振る舞い

私たちは空気中にある酸素分子を吸って、二酸化炭素分子を排出します。これらの分子は常温では気体で存在します。気体分子は比較的単純な挙動をするので、物理そして化学的な現象を科学的に考察する時によく用いられます。さらにこうした考察を単純化し考察のポイントを明確化するために、「理想気体」という状態を考えます。

実際の気体を構成する分子はある大きさを持ち、分子同士の間には力が働いていて、ごくごく弱い力で引き合ったり、反発し合ったりしますが、そのような力も考えにいれると、非常に扱いが難しくなってしまいます。そこで、思い切って、分子を点として扱い、しかもその点同士間にはまったく力が働かないと考え、そうした分子からなる気体を理想気体とします。かなり大胆な考えですが、普通の状態の気体分子の挙動を考える上では十分です。

例えば、空気に含まれる気体分子の一つである酸素分子は、**図3-2**に示すように、二つの酸素原子が化学結合で結ばれた分子で、二つの原子の間の距離は約１Å（オングストローム）です。１Åは10^{-10}mで、途方もなく短い距離です。従って、酸素分子を点と考えても事実上大きな不都合は起こりません。

また、原子や分子はこのように非常に小さいので、その数を数える時に、１個２個と数えると、とても大きな数字になり不便です。そこで、科学の世界では、一塊で数を数えることにしています。普通、**分子6.02×10^{23}個を１単位**として扱います。

例えば酸素分子の場合、分子が6.02×10^{23}個集まると32.00gになります。6.02×10^{23}個の１単位を１モル（mol）と呼びます。6.02×10^{23}はアボガドロ数と呼ばれる数字で、炭素原子１モルすなわち6.02×10^{23} 個の質量はちょうど12gになることから逆算して求められる数字です。また水素原子の場合、1モルすなわち6.02×10^{23}個の質量は1gになります。このようにアボガドロ数単位つまり**モル単位で原子・分子を扱うと、それらの質量の単位がグラムになるので便利**です。１gの酸素には、約1.88×10^{22}個

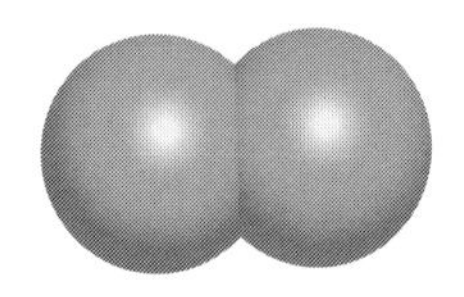

図 3-2　二つの酸素原子が結合した酸素分子

の酸素分子が含まれます。たった1gの中に、第2章で取り上げたコインの数など及びもつかない、圧倒的に大きな数の酸素分子が含まれます。

気体分子の濃度が薄い場合、理想気体として扱っても、いろいろな気体の性質の実験値とは矛盾しません。つまり、理想気体という前提を用いて気体の挙動を考えることに大きな問題はないということです。少しくどくなりましたが、以下の話に出てくる気体はすべて理想気体です。

さて、家の中で魚を焼くと、どんなに換気扇を強く回しても、台所から一番離れた部屋でさえ臭いを感じてしまいます。臭いの原因は小さな有機分子で、その有機分子が気体になって空気中を漂い、離れた部屋にまで到達するからです。私たちの嗅覚(きゅうかく)はとても敏感で、ほんの微量の臭いの分子でも、「臭い」として感じてしまうことも原因ですが、このように気体分子は自由に空間を移動することができます。そもそも非常に自由に空間を行き来できるという特性が気体という状態を決めている訳で、その分子が液体や固体の状態であれば、気体のように部屋から部屋への自由な移動はできません。

図3-3 (a) のように、同じ体積の二つの部屋を考えます。最初、二つの

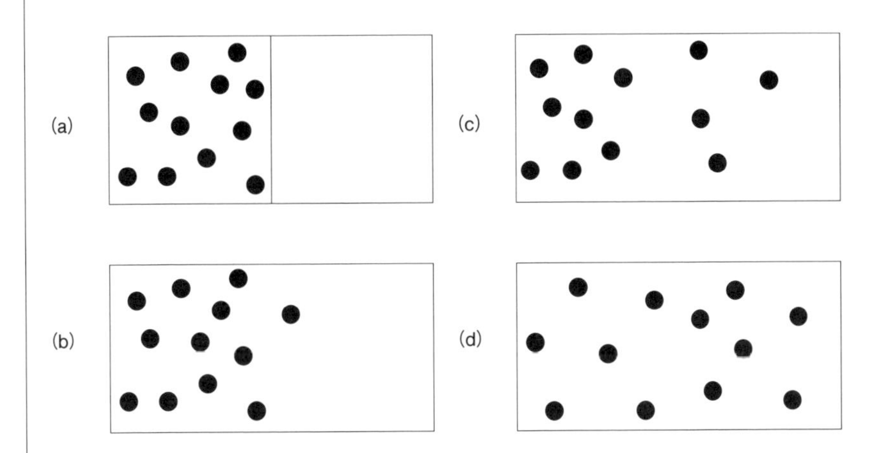

図 3-3 気体分子が一つの部屋から拡散していく様子

部屋の間には仕切りを入れておき、左側の部屋に気体分子（もちろん理想気体）を満たします。気体を入れるに従い、左側の部屋の中の温度、圧力、色そして臭いは変化しますが、気体の注入を止めてしばらく経つと、それらにはまったく変化が見られなくなります。状態の特徴を示す性質に変化がなくなる、このような状態を平衡状態と言います。そうなると、あたかも左側の部屋は静止した空間のように見えます。しかし、温度が室温であれば、気体分子は左側の部屋の中で自由に動き回れます。自由に動き回れるということは、各気体分子の位置や速さが時々刻々と変化することを意味します。つまり、私たちの目からすると静止しているように見えても、分子のレベルで見れば、この部屋の中で気体分子は目まぐるしく動き回っています。

次に間の仕切りを除きます（**図3-3 (b)**）。仕切りがなくなると、左側にあった気体分子は右側の部屋にも移動することができますので、少しずつ右側に移動し (c)、いつしか二つの部屋全体に均等に気体分子は散らばります (d)。

物理学の法則云々を持ち出すまでもなく、私たちの常識から容易に推測できることだと思います。もし気体に色が付いていれば、図3-3での変化は**図3-4**のように見えるはずです。気体に臭いがあれば、(d) の状態の右側の部屋ではかなり臭うようになります。

図3-3のように、**原子や分子１個１個の挙動に着目して見た時の状態を微視的状態**と言います。一方、図3-4のようにその系を構成する**たくさんの分子や原子によって総体的に表現される性質によって表現される状態を巨視的状態**と言います。巨視的状態について観測できる量には、圧力、温度、密度、色および臭いなどがあります。もちろん部屋に充満した「サンマの臭い」は、巨視的状態として観測できる量です。前にお話ししたように、分子はとても小さいものですから、私たちは微視的状態を直接見ることはできません。私たちが観測できる状態は巨視的状態であり、微視的状態は仮想的なものです。

微視的状態の変化と連動して巨視的状態は変化し、平衡状態になります。いったん平衡状態になると、自然に元の状態に戻るということはありません。私たちが観測する変化の方向は常に一方向（(a) → (d)）であり、決して逆行することはありません。色に注目すると、左側の部屋の色は時間と共に徐々に薄くなり、右側の部屋には徐々に色がついていき、ある時点で左右の部屋の色は均一になり、それ以上の変化はなくなります。

しかし、自然な状態で、さらに右側の部屋の色がどんどん濃くなり、左側の部屋の最初の色の濃さになり、代わりに左側の部屋が無色になる確率は極めて小さいと言えます。これらのことは私たちの常識から判断しても明らかです。

ただし、ここであえて付け加えると、そのような常識で考えられないことが起こる確率も決してゼロではないということです。異常気象が発生した折に、「かつて経験したことがないような」とか「想定を超えた」とかの表現が最近はよく使われますが、起こる確率が極めて低い事象でも、起こることはあり得ます。

左の部屋にいる分子がコインの裏であり、右の部屋にいる分子がコイン

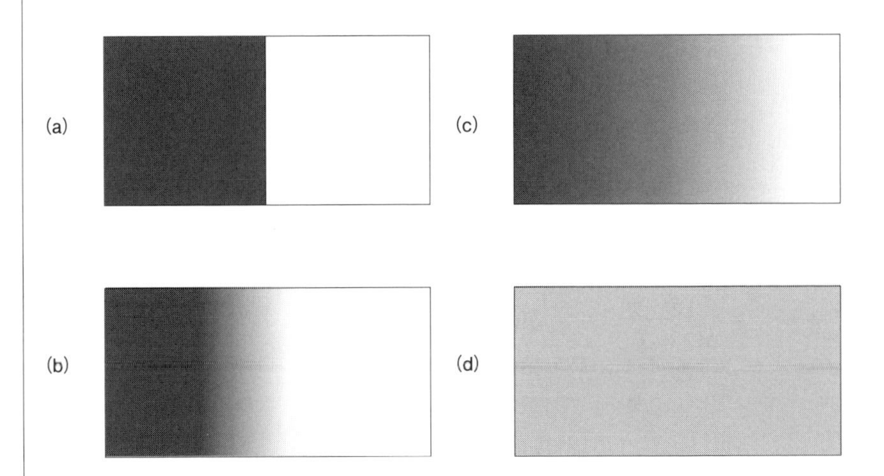

図 3-4　仕切りを外して色のついた分子が拡散する様子

の表と考えれば、ここでの話はコインの表裏の話と対応付けることができます。

気体分子の運動エネルギーは温度で決まる

ここでは、もう少し現実に即した理想気体の話をしたいと思います。再び**図3-5**（a）のように、真ん中で仕切られた容器を考えます。左右の空間の体積はまったく等しく、その形や内壁の性質などもまったく同じであり、温度がT（temperatureの頭文字）とします。

まず仕切られた状態で、左側の空間に気体分子を入れます。気体分子は入っている空間の温度に応じた動き方で運動しています。温度が低いと動きは鈍く、温度が高いと動きは活発になります。私たちは気温が高いとげんなりしてしまい、動きが鈍くなりますが、気体分子は温度に比例して、動きがどんどん活発になります。

ここで温度の単位について簡単に触れます。温度とは、原子や分子の運動の大きさです。私たちが日常的に使う温度の単位は℃（Cはこの温度単位を提唱した天文学者セルシウス〈Celsius〉に因みます）です。この温度単位（摂氏温度）では、大気圧下で液体の水と固体の水すなわち氷が共存する温度を0、液体の水が気体の水になる時すなわち沸騰する時の温度を100とし、その間を100等分して1℃を定義します。

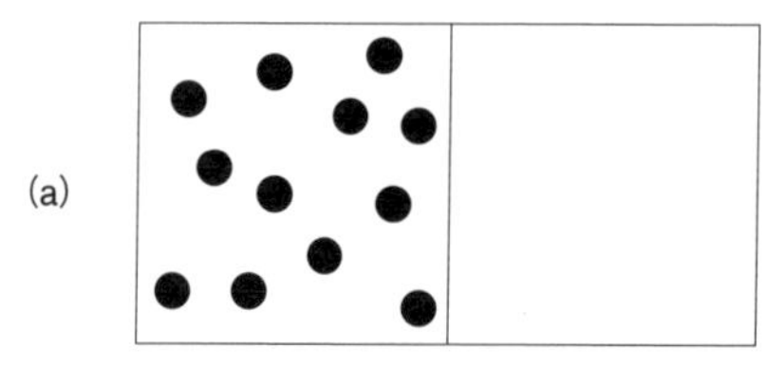

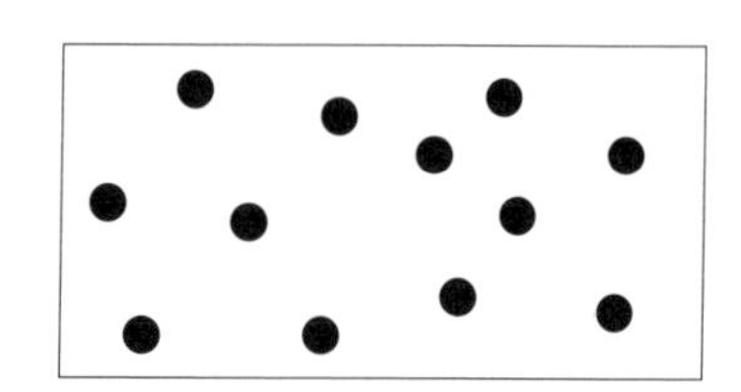

図 3-5　気体分子を仕切りを外して拡散させる

摂氏温度は、私たちが日常的に使う上では、便利な温度単位です。しかし、原子や分子の運動の大きさと温度の大きさを対応付ける上では、やや不便です。というのも、0 ℃以下になっても原子や分子は運動しているからです。そこで、原子の運動が完全に停止する約－273 ℃を新たに0として摂氏温度と同じ目盛間隔で温度の大きさを表す温度単位Kが提案されました。つまり－273 ℃＝ 0 K、0 ℃＝273 Kそして100 ℃＝373 Kになる温度単位です。この温度のことを絶対温度と呼びます。物理学や化学ではもっぱら絶対温度が用いられます。絶対温度の単位Kは物理学者ケルビン卿（Kelvin）に因みます。本書では、絶対温度だけでなく摂氏温度も併記します。

分子が活発に動けるということは、その分子の運動エネルギーが大きいということです。分子が活発に動くと、その分子は勢い余って容器の壁にぶつかります。ぶつかった衝撃は容器の壁を押す圧力P（pressureの頭文字）として観測することができます。

nモルの気体分子（合計$n \times 6.02 \times 10^{23}$個）を体積$V$（volumeの頭文字）の容器に入れて、温度を$T$にすると、気体分子が容器の壁を押す圧力$P$は、次に示す「気体の状態方程式」を満たすことがわかっています。以下、温度、圧力および体積をそれぞれ記号T、PおよびVで表します。

$$PV = nRT \quad \text{----------} \ (3\text{-}1)$$

Rは気体定数と呼ばれる定数です。Rは気体の熱的性質を注意深く測定したフランスの化学者ルニョー（H.V.Regnault）の名前に由来するという説もありますが、語源は必ずしも定かではありません。どの気体分子でも、1 気圧 0 ℃（273 K）では22.4 ℓ の体積を占めることから気体定数Rは導かれ、気体分子が何であっても同じ数字になります。

さて、図3-5（a）の左側の仕切られた空間に 1 モルの酸素分子がある場合、$n=1$ですから、気体の状態方程式は、

$$PV = RT \text{----------} (3\text{-}2)$$

になります。この状態で、中央の仕切りを外すと、左側空間の気体分子は右側にも動き、最終的に(b)に示すように、左右の空間中の分子数が等しくなります。つまり平衡状態になります。温度Tが一定であれば、Rは定数なので、PVは一定になります。従って（b）の状態になると、体積Vが２倍になるので、圧力は$\frac{1}{2}P$になります。このように、気体の状態方程式により、容器に閉じ込められた気体の体積、圧力そして温度のような巨視的状態を求めることができます。

ここで熱とは何かについて触れたいと思います。熱とは簡単に言ってしまうと、分子や原子の運動の大きさです。分子や原子が活発に運動すると、それらを含む系の温度が上昇します。**図3-6** (a)のように、気体分子が容器に閉じ込められているとします。先ほど述べたように、これらの分子が容器中で動き回ると容器の壁にぶつかり、それが圧力Pになります（**図3-6** (b)）。容器の体積をそのままにして、容器を加熱して、温度Tを上げていくと、気体分子の運動はより活発になり、より強く壁にぶつかるようになり、圧力が上昇します。

気体分子の運動エネルギーをEとすると、運動エネルギーが大きいほど

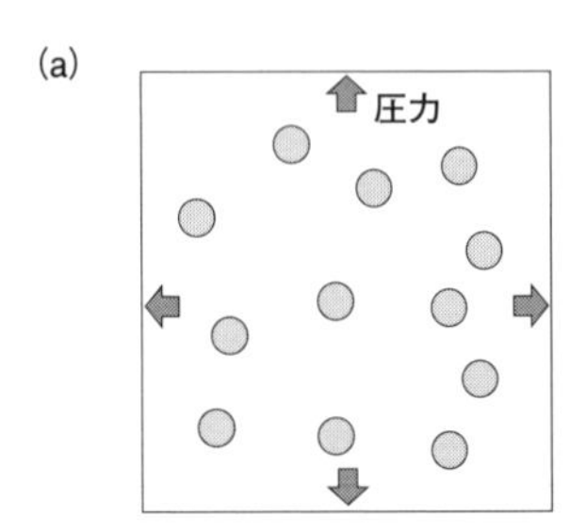

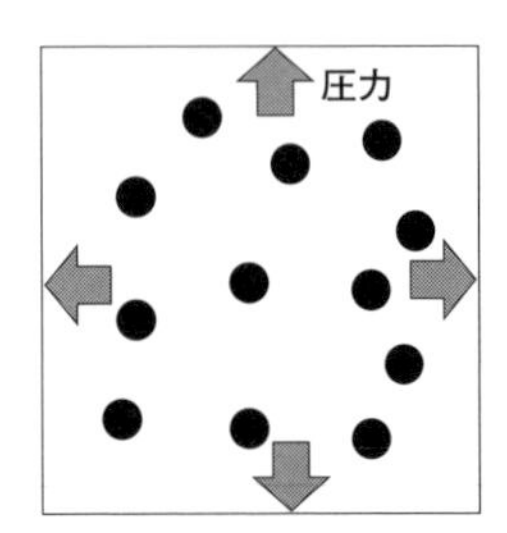

温度が上昇すると気体の運動エネルギーが増加して圧力が高くなる

図 3-6　容器に閉じ込められた気体の圧力

圧力は増し、容器の体積が大きいほど圧力は減ります。従って、$P=\frac{E}{V}$、つまり、$PV=E$になります。いま、１モルの気体分子について考えると、この式と**式(3-2)**から、$RT=E$になります。

Rは定数ですから、温度Tとは、熱すなわち分子の運動エネルギーEに対応することをこの式は示すことになります。

ここまでのお話では１モルの気体分子について考えましたが、１分子の気体の運動エネルギーに着目する時には、１モル中の分子数6.02×10^{23}でEを割る必要があり、

$$\frac{RT}{6.02\times10^{23}}=\frac{E}{6.02\times10^{23}}$$

になります。$\frac{R}{6.02\times10^{23}}$すなわち**1分子当たりの気体定数にはボルツマン定数(k_B)**という名前がついています。k_Bで書き換えると上の式は、

$$k_BT=E_{1分子}$$

になります。１分子当たりの運動エネルギーは、ボルツマン定数とその時の温度(T)によって決まることがわかります。

１モルと言っても、その中には6.02×10^{23}個もの分子が存在します。世界の人口を少し多めに見積もって100億人とすると、そのさらに60兆倍もの分子が1モルに含まれます。よく天文学的数字という表現がとてつもなく大きな数字について使われますが、光が1年間に進む距離は9.4605×10^{15}mであり、宇宙全体にある銀河系の数は2×10^{12}個ほどと言われています。これらと比較しても、１モル(水素分子だったらわずか２g)中に、6.02×10^{23}個もの分子が存在するのですから、原子・分子レベルの世界での数字がいかに桁違いに大きいかが理解できると思います。

それでは、もし1モルの分子が図3-6(a)のように容器に入っている場合、その中の夥しい数の分子はすべて同じ運動エネルギーを持つのでしょ

うか？

気体分子はどのような運動エネルギー分布を取るか——ボルツマン分布

話を簡単にするために、**図3-7**（a）のように８個の気体分子が容器に入っているとし、この容器は熱を通さず、容器の中の熱は逃げないとします。また、（a）では８個の気体分子は静止しているとします。静止しているとは運動エネルギーが０の状態です。

（a）の容器に、運動エネルギーが大きい二つの分子を入れます。運動エネルギーの大きい分子を黒く示します。これが（b）の状態です。これらの分子はあらゆる方向に活発に動き回れますが、図ではその一つの方向への運動を矢印で示しています。この二つの分子は動き回れるので、容器内の他の分子と衝突をします。衝突すると自分自身の運動エネルギーは失いますが、ぶつけられた分子が今度は少し動くようになります。その様子を

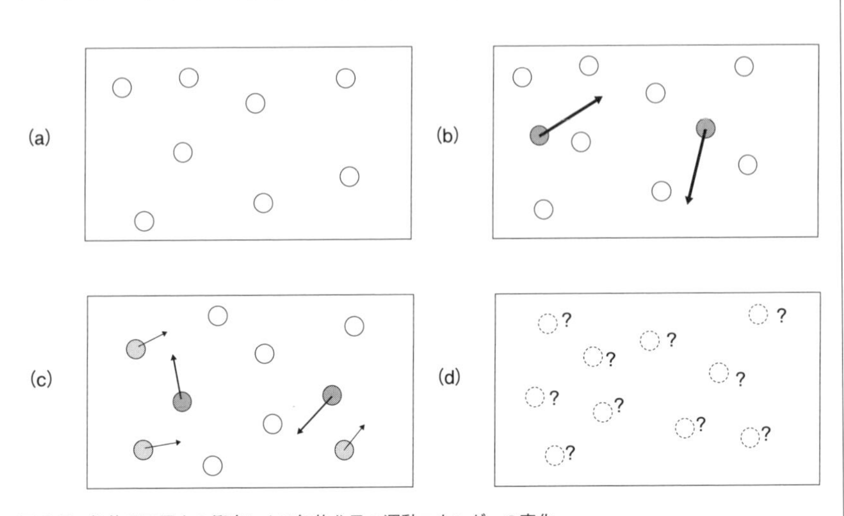

図 3-7　気体分子同士の衝突による気体分子の運動エネルギーの変化

(c) に示します。衝突によって変化する運動エネルギーの量をグレー・スケールで示しています。このような衝突は容器内のすべての分子間で次々に起こりますが、最終的にある状態、すなわち平衡状態に落ち着くはずです。情報エントロピーで言えば、それが最大になった状態です。

それでは、十分な時間が経って平衡状態 (d) になった時、その中で各気体分子はどのような運動エネルギーを取るのでしょうか？

図3-7のような気体分子が少ない仮想的な状態ではなく、例えば1モルの気体分子のように、膨大な数の気体分子が容器内にある状態では、**図3-8**のようになることが予測できます。すでに述べたように気体分子はとても小さいので、私たちが生きている環境でも膨大な数の気体分子に私たちは囲まれています。つまり、このような状態が荒唐無稽ということではありません。このグラフで横軸は気体分子の運動エネルギーを示し、縦軸はそのエネルギーを取る分子の割合を示します。予測されたこの分布は**ボルツマン分布**（マックスウェル＝ボルツマン分布とも言います）と呼ばれています。

平衡状態とは巨視的に見るとまったく変化のない状態ですが、微視的に見ればその状態でも分子同士はぶつかり合い、運動エネルギーの交換はダイナミックに起こっています。従って、このボルツマン分布が示すように、大部分の分子は中程度の運動エネルギーを持っていますが、少数の分子は

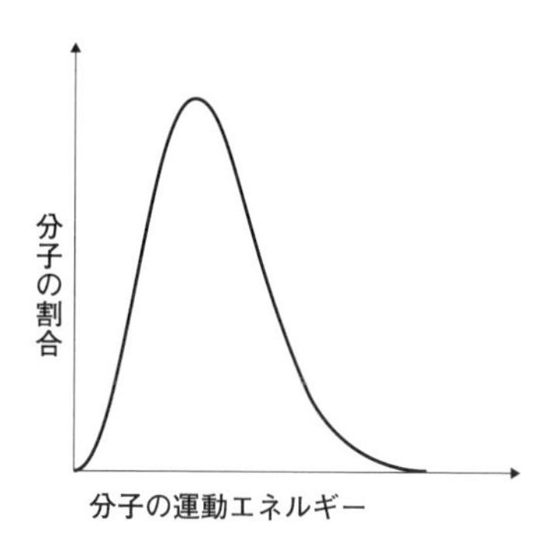

図 3-8　ボルツマン分布の例

とても大きい運動エネルギーまたはとても小さい運動エネルギーを持っています。

図3-8に示すボルツマン分布は理論的に予測されたものですが、実験でもきちんと証明されています。

カリウム原子の気体を544 K（271 ℃）の真空オーブンに入れた時、気体原子がどのような運動エネルギーを持つかを実験してみると、**図3-9**のようになります。横軸が運動エネルギーで、縦軸が各運動エネルギーを持つ気体原子の割合を示します。すべての原子の運動エネルギーについて測定した訳ではないので、実験値は飛び飛びの点になっています。なだらかな曲線で描かれているのが予測されたボルツマン分布です。両者は非常に良く一致していることがわかります。つまり、平衡状態に達する過程として考えた図3-7の変化が実際に起こっていることが確認できます。

ここで、図3-7での変化とは何かを改めて考えてみます。(b) から (d) への変化は、平衡状態への移行であり、取り得る状態数が増加する変化です。つまり場合の数が最大になる方向です。従って、私たちの感覚とも合致し、(b) から (d) への変化は自然に進みますが、その逆である (d) から

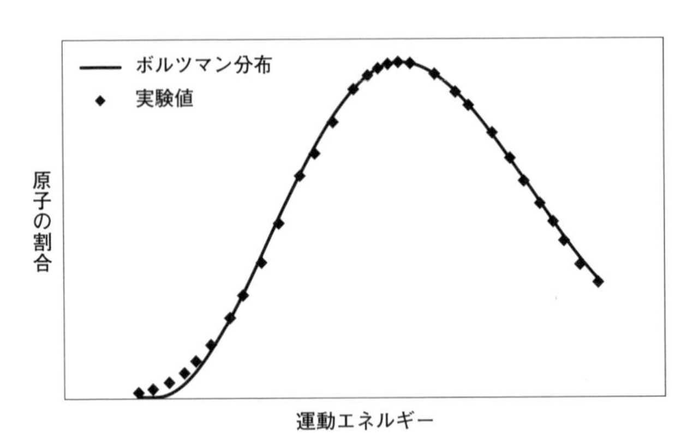

図 3-9 544K における気体状のカリウム原子の運動エネルギー分布

（b）への変化が自然に起こることはまったくありません。この自然な状態の変化の行きつく所をボルツマン分布は示しています。くどいかもしれませんが、**何らかの能動的な働きがない限り、（d）の状態に向かって変化は自然に起こる**ことを意味します。

温度を上げれば、分子の運動は活発になります。活発になるということは、運動エネルギーが大きくなることです。温度を変えても、ボルツマン分布の形は基本的に変わりませんが、温度が高くなると運動エネルギーの大きな分子が増加するために、分布曲線の頂点は高エネルギー側に移動し、かつ曲線はよりなだらかになります。

図3-10に異なる温度におけるボルツマン分布の曲線を示しました。化学反応を能率的に進めるための一つの重要な条件は温度を高くすることです。その理由は、温度を上げて運動エネルギーの高い分子や原子の割合を増加させ、それらが衝突するチャンスを増加させて、化学反応を起こりやすくすることにあります。人間社会でも同じで、ある一定以上のエネルギーを与えなければ実現できないことはたくさんあります。

ここで、気体分子の運動について補足しておきます。気体分子は室温でも非常に活発に動いています。たとえば、1気圧（大気圧）、27 ℃（300 K）の条件だと、酸素分子は平均的に毎秒480 m、時速にすると1,730 km

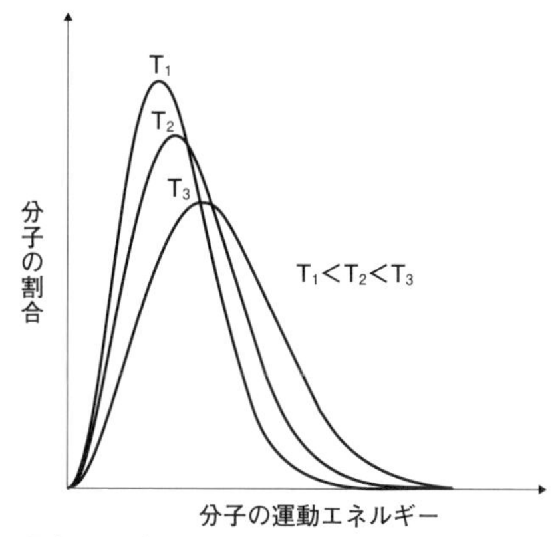

図3-10 ボルツマン分布の温度による変化

あまりの速さで動いています。F15戦闘機には及びませんが、旅客機の2倍ほどの速さです。

しかし、部屋にいて気体分子が顔に当たっても痛いと感じることはありません。それは気体分子が極めて小さく、軽いからです。ちなみに、1個の酸素分子の重さはわずか5.3×10^{-23}gです。

熱力学が教えてくれること

極微の素粒子の世界から宇宙までさまざまな現象に対応できるように、物理学にはいろいろな分野があります。その中に熱力学という分野があります。私たちが毎日生きていくためには、エネルギーが必要であり、そのエネルギーを使って勉強や仕事をします。実際には、さまざまな形態のエネルギーを使います。熱力学では、熱、温度、仕事そしてエネルギーの間に成り立つ関係、特に相互変換について取り扱います。また熱力学では特定の物質の性質や構造ではなく、物質の集団が取る状態について注目します。簡単に言うと、ある状態から別の状態への変化に伴うエネルギー収支（エネルギーのやり取り）について成り立つ法則に焦点を当てます。

本書の中心課題である、「自然な状態では、私たちはどちらの方向に向かうのか」について熱力学は、物理学の立場から論理的に明瞭な説明をしてくれます。従って、物理学の中でも熱力学は、私たち個人や社会の状態を知る上で非常に有用です。しかし、少なくとも国内では、理工系の大学に行かない限り、熱力学の話を聞く機会はなく、また比較的抽象的な概念が多いので、理工系の学生の中にも苦手とする方々は決して少なくありません。

コラム４　エネルギーと仕事

今では実用的に使われることはほとんどありませんが、かつて蒸気機関車（通称SL）は人や物を運ぶ仕事をする重要な手段でした。蒸気機関車では、まず石炭などの燃料を燃やして熱を発生させます。次にこの熱のエネルギー（熱エネルギー）で水を大量の水蒸気にします。水は水蒸気（気体）になると極めて大きく膨張するので、その膨張する力を使ってピストンを押し、それをさらに車輪を回転させる力に変え、最終的に蒸気機関を動かすという仕事ができます。

あるエネルギーを使うと、そのエネルギー分の仕事をすることができます。**エネルギーとは、「さまざまな現象を生み出す能力」**と言えます。温度、光、音、電気、蒸気機関車などの物を動かすこと、そして私たちが毎日生きて活動していること等々、世の中で起こっているすべての現象はエネルギーによっています。

各現象によって、エネルギーの見え方は異なりますが、本質的に同一のものです。熱エネルギーは私たちがその実体をもっとも身近に感じるエネルギーです。

科学の世界では、エネルギーの大小を測るために、エネルギーの単位を決めています。ややスケールの小さい話になりますが、約0.239 gの水の温度を1気圧のもとで14.5 ℃（287.5 K）から15.5（288.5 K）℃まで上げるのに必要なエネルギー量を１J（Joule:ジュール）としています。１ℓの水を20 ℃（293 K）の室温から100 ℃（373 K）の熱湯にするために必要なエネルギーは約335 kJです。

先の蒸気機関車の例でわかるように、エネルギーは仕事に変えることができます。従って仕事の単位もJで表されます。蒸気機関車の場合、進行方向に力をかけて進むことになりますが、その時に蒸気機関車がする仕事の量は、かけた力と進んだ距離の積で表されます。つまり**（仕事）＝（力）×（進んだ距離）**です。物理学では、重量１kgの物体を１mだけ動かせる力の量を１N（Newton:ニュートン）としています。一方地球上の物体には地球からの重力加速度（9.8 m/s^2：１秒間に秒速9.8 mずつ速度が増していく）が働いていますので、質量１kgの物体の地球上での重量は9.8 Nになります。たとえば、１ kgのペット・ボトルを床から1 m持ち上げる時に必要な仕事は、9.8 N×1 mですから、9.8 Jということになります。9.8 Jのエネルギーを補給しないと、このペット・ボトルは持ち上がらない、ということです。エネルギーがないと、ペット・ボトルを持ち上げるどころか、すべての地球上の活動は停止してしまいます。

エネルギーは保存される（熱力学第1法則）

容器（シリンダー）に入った理想気体（以下すべて理想気体とします）を温めることを考えます**（図3-11）**。気体も理想的ですが、仕掛けも理想的です。気体を閉じ込めておく蓋（ピストン）は気体を逃がさないほどきちんと密閉できますが、この容器（系）の中でまったく摩擦なく自由に上下できるとします。またこの操作は大気圧下、つまり圧力Pが一定のもとで行います。①の状態で気体分子が持っているエネルギーの総量をUとします。このUのことを内部エネルギーと言います（内部エネルギーはEという記号でも表します。なぜUという記号が使われるようになったかは定かではありません）。この場合、気体の内部エネルギーは気体分子の運動エネルギーの合計になります。

次にこのシリンダーを温めます（②）。その結果、ΔQ（Δはデルタの記号で、差分、変化量を示します。Qはquantity of heat〈熱量〉の頭文字）という量の熱エネルギーが気体に与えられるとします。気体の体積は最初Vですが、温めると気体は膨張するので、体積がΔVだけ増えます（③）。体積が増えるということは、大気圧Pの力に抗してピストンが外側に動くということですから、気体は外に対して$P\Delta V$の仕事をしたことになります。圧力とは単位面積当たりに働く力ですから、$P\Delta V$すなわち（圧力）×（増加した気体の体積）は（力）×（ピストンが動いた距離）と等価であり、

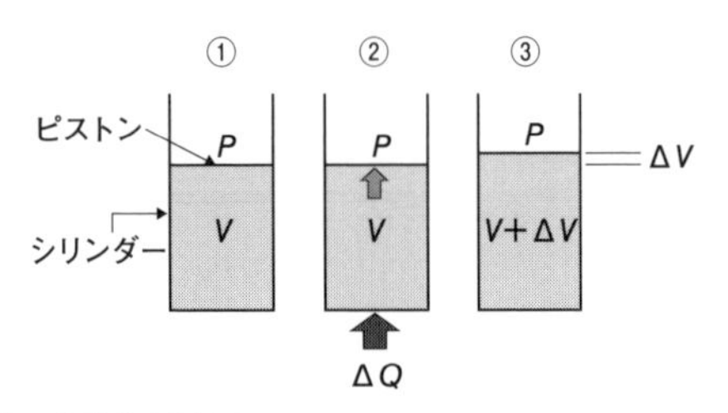

図 3-11　シリンダーに入った気体を温める

外部にした仕事そのものです。この仕事に使われなかったΔQの残りのエネルギーは、気体内の内部エネルギー（分子の運動エネルギー）をΔUだけ増加するために使われます。従って、与えられた熱量ΔQは、

$$\Delta Q = \Delta U + P\Delta V \text{ ---------- (3-3)}$$

を満たすように使われます。言葉で表すと、「**気体に加えた熱量ΔQは気体の内部エネルギーの変化ΔUと気体が外部に対して行った仕事$P\Delta V$の和になる**」、と表現できます。これ以外には、エネルギーはどこにも行かないという設定です。この(3-3)の関係式を**熱力学の第1法則**と呼びます。

この関係式の解釈を一般化すると「**熱エネルギー(ΔU)と力学的エネルギー（仕事($P\Delta V$)）は本質的に同じものであり、特定の系にあったエネルギーはそのどちらにも変換できるが、それらの総和は変わらない**」となります。物理学では、考察の対象とする物質領域（例えば、一つの容器に入った気体など）を「系」と呼びます。つまり、特定の系におけるエネルギーの形は変わるが、その総量は保存されるということを意味します。エネルギーは忽然と生ずることも、消えることもありません。

さて、一般に特定の系の持つエネルギーは熱エネルギー(U)と力学的エネルギー（ここで考える気体分子の場合はPV）の和になることから、その系の持つエネルギーという時に、この和で表した方が簡単になります。そこで、

$$H = U + PV$$

という量を考え、この量でその系のエネルギーを表す方が便利です。この量を**エンタルピー**と呼びます。この量は熱関数（heat function）とも呼ばれ、その英語名の頭文字をとってHと表記されます。以後、特定の系の総エネルギーはHで表現します。

エンタルピーはすでにこれまで何度も出てきたエントロピーと非常に似た言葉ですので、よく混同されます。ここで、エントロピー（entropy）とエンタルピー（enthalpy）の語源と意味を対比して、両者の違いを明確にしておきましょう。まずエンタルピーです。その語源はギリシャ語のen（内部の）とthalpein（熱する）に由来する造語で、「**物質系内部にあるすべてのエネルギー、すなわち熱エネルギーと力学的エネルギーの和**」を表します。

これに対し、エントロピーはもともとはギリシャ語のen（内部の）とtrope（変換）に由来する造語ですが、当初とは異なる意味で現在は使われています。一言でいえば、**エントロピーとは「場合の数（状態数）の大小を表す量**」です。ところで、エントロピーは通常、記号Sで表します。エントロピーに関する先駆的研究を行った物理学者クラウジウスが彼より前に熱力学の研究で業績を上げていたフランスの物理学者ニコラ・サディ・カルノー（Nicolas Sadi Carnot）への敬意を込めて、彼の名前のSadiからエントロピーの記号をSにしたと伝えられています。

さて、本書では、私たち人間そして地球上の環境に関する問題を扱いますので、圧力は一定の状態（大気圧下）です。また、私たちがここで興味を持っているのは、エネルギーの絶対量ではなく、その変化量ですので、注目するのはHそのものではなく、その変化ΔHです。圧力が一定の時、ΔHは次式で表されます。

$$\Delta H = \Delta U + P\Delta V \text{ ---------- (3-4)}$$

この式を改めて説明すると、「ある系のエンタルピー変化ΔHは、内部エネルギーの変化ΔUとこの系が外部にした仕事の量$P\Delta V$の和である」となります。

熱力学第1法則は、私たちの常識からは当たり前の法則です。**式（3-4）**でΔHが収入、$P\Delta V$が支出とすると、ΔUは手元に残るお金になります。

この収支バランスが取れていなければ、どこか計算を間違っているか、不正があるかしかありません。

熱力学的なエントロピー

図3-11の例を別の角度からもう一度考えてみます。シリンダーに与える熱の量を増加させると、シリンダー内部の気体分子に与えられるエネルギーの量は増加します。すると各分子に分配されるエネルギーの量も、分配する場合の数も増えます。

その様子を、飲み物の自動販売機を使った喩え話で説明します。選択できるのは、コーヒー、緑茶そして水です。すべて100円とします。今、100円しか持っていなければ、買い方は**図3-12 (a)** のように３通りしかありません。しかし、もし200円持っていて、全部使うことができれば、買い方は (b) に示すように６通りに増えます。さらに、もし1,000円持っていれば、その組み合わせの数は66通りになります。お金を持っていればいるほど、買える飲み物の数が増えるだけでなく、買い方の組み合わせの数も増加します。

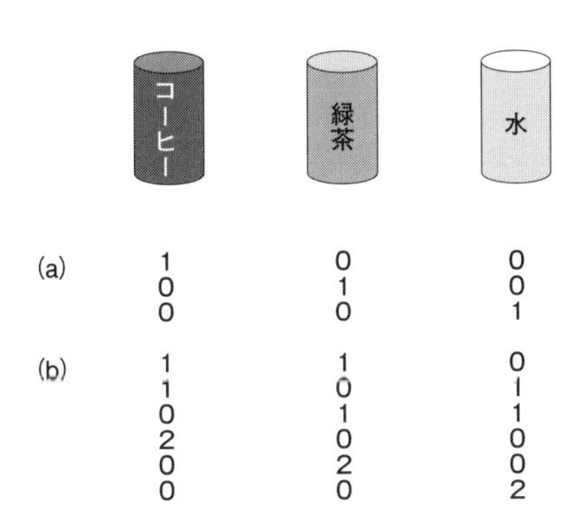

図3-12　使えるお金の額で飲み物の買い方が変わる (a) 100円しか使えない時 (b) 200円使える時

すなわち気体分子に与えられるエネルギーが増加すると、気体分子が取り得るエネルギー状態の数は増加しますので、エンタルピー変化ΔHと状態数の増加ΔWとは比例し、

$$\Delta W \propto \Delta H \text{ ---------- (3-5)}$$

になります。∝という記号は左辺の量が右辺の量に比例することを表します。

よくお金のある状態を「懐が暖かい」と言います。暖かいか寒いかは温度で測ります。ある一定のエネルギー（この場合はお金）が与えられた時、もともと「懐が暖かかった」人と、「寒かった」人に与える影響を考えてみます。図3-12と同じように、３つの取り得るエネルギー状態があった場合、その取り方の組み合わせにどのような違いが生じるか、ということです。

図3-13 (a) の場合、最初に１単位のエネルギーがあったとします。一方 **(b)** の場合、最初に２単位のエネルギーがあったとします。(b) の持ちエネルギーが (a) より多いので、(b) の温度T_bは (a) の温度T_aより高くなり

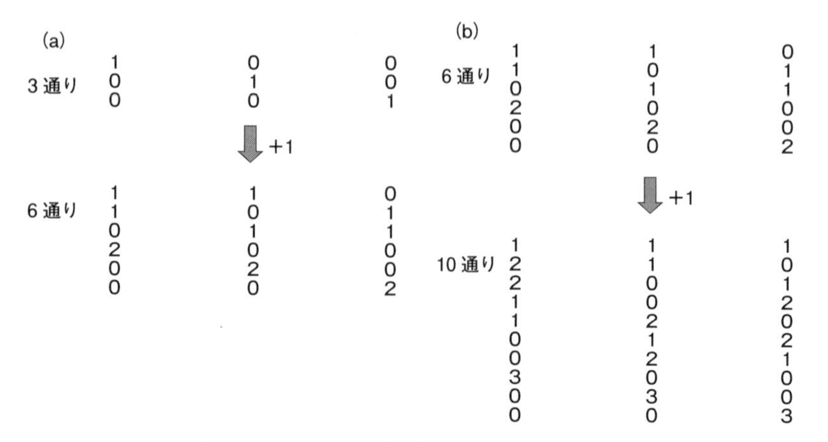

図 3-13　エネルギー１単位を加えることが状態数の増加にどう影響するか？
(a) 最初持っているエネルギーが１単位の時は状態数が２倍になる
(b) 最初持っているエネルギーが２単位の時は状態数が 1.67 倍になる

ます。この二つの状態にエネルギーを１単位与えるとします。すると図に示すように（a）では3通りから6通りに、場合の数は2倍に増加します。一方、（b）では６通りから10通りに、場合の数は1.67倍に増加します。つまり、もともと持っていたエネルギーが高いほうの増加率は低くなります。因みに、元々エネルギーが10単位あった場合には、場合の数は77/66＝1.18倍になり、増加率はさらに下がります。普通の人にとって10万円の臨時収入はとても嬉しいのですが、金持ちの人にとっては別に特に嬉しいことではないのと一緒です。

それはさておき、以上のことは状態数Wの変化ΔWが温度Tに反比例することを示しています。一方、**式（3-5）**から状態数の変化ΔWはエンタルピー変化ΔHに比例することがわかっていますので、これらを合わせると$\Delta W \propto \frac{\Delta H}{T}$の関係になります。$\Delta \ln W$は$\Delta W$に比例しますので、左辺を$\Delta \ln W$に置き換えると、次の関係が得られます。

$$\Delta \ln W \propto \frac{\Delta H}{T} \quad \text{----------- (3-6)}$$

ここで、第２章での情報エントロピーの話を思い出して下さい。**式（3-6）**における「状態数」Wは、情報エントロピー$IE = A\ln W$における「場合の数」Wに対応するものです。つまり、IEは情報量に対応するエントロピーですが、式（3-6）における$\ln W$はエンタルピーHに対応するエントロピーと言うことができます。このエントロピーを情報エントロピーIEと区別して、Sと表すと、その変化ΔSは$\frac{\Delta H}{T}$に比例するので、$\Delta S \propto \frac{\Delta H}{T}$になります。単位系を適切に選べば、両辺を等号で結ぶことができ、

$$\Delta S = \frac{\Delta H}{T} \quad \text{----------- (3-7)}$$

になります。エンタルピーの変化ΔHは熱量Qの変化ΔQになりますので、この式はΔQとエントロピーの変化ΔSの関係と考えることもでき、

$$S = \frac{Q}{T} \text{ ---------- (3-8)}$$

になります。このようにして求められるSのことを、情報エントロピーに対して、熱力学的エントロピーあるいは簡単にエントロピーと言います。

式（3-6）の関係と**式(3-7)**から、状態数の自然対数$\ln W$の変化（$\Delta\ln W$）はエントロピー変化ΔSに比例することがわかりますので、$\Delta S \propto \Delta\ln W$です。１分子当たりの$\Delta S$にするには、すでに見たように比例定数にボルツマン定数（k_B）を使えばよく、ある系のエントロピー変化は、

$$\Delta S = \frac{\Delta H}{T} = k_B \Delta \ln W \text{ ---------- (3-9)}$$

と表されます。つまり、熱力学的エントロピー変化ΔSと「可能な場合の数」から求められる情報エントロピー変化$k_B\Delta\ln W$が等価であることが示されます。別の言い方をすると、k_Bという比例定数によって情報エントロピーの変化と熱力学的エントロピーの変化は関係づけられるということです。従って、**情報エントロピーと同様に熱力学的エントロピーも自発的な過程ではどんどん増加する性質を持ちます**。すなわちエントロピーの変化$\Delta S>0$になる方向に世の中は常に進みます。

この結論は特に何か難しい量とか理解し難い仮定に基づいて得られたものではありません。多くの人たちが持っている常識の範囲内にあります。この式の定量的な意味はとにかく、定性的な意味は誰もが納得できるものです。

熱力学第２法則

72ページ以下で熱力学第１法則について述べましたが、前項で述べた「世の中は常にエントロピーが増大する方向に進む」という法則は、物理

学では熱力学第２法則として定式化されています。しかし、この法則の意味するところが非常に奥深くかつ広いため、異なる側面からこの法則を表現することができます。ここでは、そうした表現法のいくつかについてご紹介します。

図3-14 (a) のように、同じ体積の10 ℃ (283 K) の冷水と90 ℃ (363 K) の熱水を仕切りのついた水槽の左右に入れることを考えます。仕切りによって左右の水は直接混じらないが、熱は通すとします。また水槽全体は発泡スチロールなどでできた保温ケースに入っているとします。左右の水槽の温度は時間と共にどのように変化するでしょうか？

ここで「時間と共に」という表現は重要です。水槽の大きさと保温効果により温度変化の速さには違いが出ますが、左の冷水の温度は徐々に上がり、右の熱水の温度は徐々に下がります。そしてしばらくすると、左右の水温は等しく50 ℃ (323 K) 程度になるはずです。これは常識から判断で

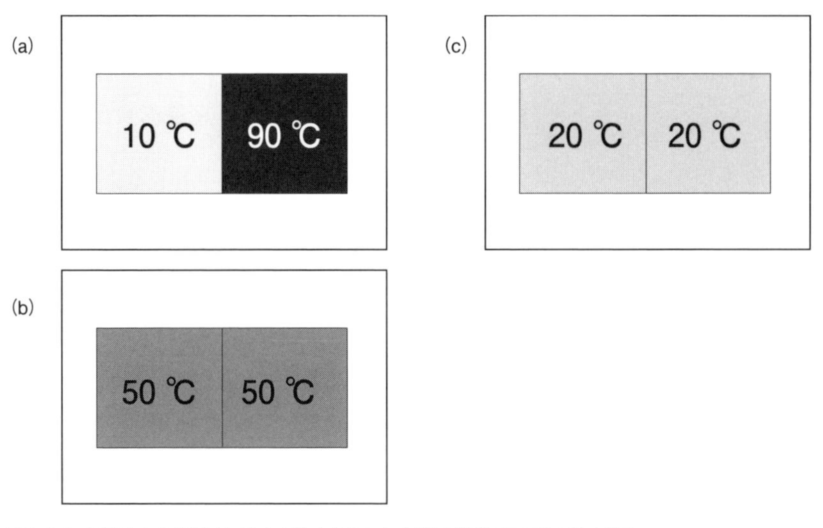

図 3-14 断熱された容器内に冷水と熱水を入れた水槽を隣接させた時の熱の移動
(a) 90 ℃と 10 ℃の水が入った水槽を隣接
(b) 時間が経つと二つの水槽の温度は等しくなる
(c) 十分長い時間が経つと二つの水槽の温度は室温になる

きる変化です。

しかし、さらに時間が経てば、右側の熱水の温度が50 ℃（323 K）以上に自然に上がり、やがて100 ℃（373 K）に達し、逆に左側の水の温度はどんどん下がって0 ℃（273 K）になるなどという状況を私たちはかつて経験したことがありません。

自然の状態では（自発的には）、熱は必ず温度の高いほうから低いほうに移動し、熱い水は冷えていきます。冷たい水が自然に（何も手を加えてないと）、温かくなることはありません。(b) で50 ℃（323 K）程度になった水の温度はさらにどうなるでしょうか？　どんなに断熱性の優れた魔法瓶に入れたお湯も翌日にはかなり冷めてしまいます。もし保温ケースがおいてある部屋の温度が20 ℃（293 K）であれば、(c) に示すようにいずれ両方の水槽内の水の温度は、室温の20 ℃（293 K）にまで下がってしまいます。そしてそれ以降は室温と変わらない状態がずっと続くことになります。

この熱の移動のように一方向のみに進む現象を「不可逆的」現象と呼びます。**「熱は、熱いものから不可逆的に冷たいものに移動し、その逆は決して起こらない」という表現が熱力学第２法則**の一つの表現です。より一般化した表現にすると、「**巨視的な動的現象は一般に不可逆的変化である**」となります。

多くの科学法則は、特定の量の間に成り立つ関数関係を示すものです。しかし、熱力学第２法則には、宗教の経典の一節のように、簡潔で包括的ですが、漠然とした印象があります。実際に、熱力学第２法則がいくつかの異なった表現で記述されることからも、この法則が持っている意味の広さと深さがうかがえます。その一つが、すでに例でも述べた、もっとも平易な表現である「熱は熱いものから冷たいものへは移動するが、その逆は決してない」です。この表現を少し変形すると、「他に何の変化も残すことなく、熱を低温の物体から高温の物体に移すことはできない」となります。これは、物理学者ルドルフ・クラウジウスが熱力学第２法則を表すのに用いた表現法であり、「クラウジウスの原理」とも呼ばれています。

一方、ウィリアム・トムソン（後のケルビン卿）という物理学者は「**一つだけの熱源を利用して、その熱源から熱を吸収し、それを全部仕事に変えることは不可能である**」という、「トムソンの原理」を見出しました。この原理は、例えば「海水からエネルギーを吸収し、それを利用して航行できる船は作ることができない」ことを示すものです。海水は事実上無尽蔵にありますから、万一上記のことが可能になれば、エネルギー問題は一挙に解決できます。しかし、トムソンの原理は、そうしたことがまったく不可能であることを示しています。トムソンの原理はクラウジウスの原理と等価であり、単に見方を変えた表現と言えます。なぜなら、トムソンの原理に反することは取りも直さず、「低温から高温に熱を移せる」ということになるからです。

さらに、これまでの話から察しがつくと思いますが、熱力学第２法則の最も重要な表現法があります。クラウジウスの原理でも、トムソンの原理でも、現象が進む方向を決定しているのはエントロピーの増大であり、「エントロピー増大の法則」という表現法です。改めてここで言い換えると、「**断熱系（熱の出入りのない系）では、現象は必ずエントロピーが増大するように進む**」というのが「エントロピー増大の法則」です。先ほどの図3-14（a）から（b）への変化は断熱された状態での変化であり、（a）から（b）への変化はエントロピーが増大する方向です。（c）への変化でも、エントロピーは増大します。自発的に進む方向は、エントロピー増大の方向であり、それがすなわち熱力学第２法則である訳です。

一方、すでに確認したように、この熱力学的エントロピーは情報エントロピーと本質的に同じものですので、熱力学第２法則とは、自発的な過程では両方のエントロピーが増大することを示す法則ということもできます。**現代社会において共に極めて重要な役割を果たす、エネルギーと情報の流れを制御しているのが、この熱力学第２法則**です。

それでは、熱力学第２法則、すなわちエントロピー増大の法則が現れる幾つかの場面についてもう少し考えてみたいと思います。

熱力学第2法則はどんなときに現れるか

① 気体分子の拡散

図3-3の例をもう一度、**図3-15**で考えてみます。気体分子の入っている容器は外界から断熱（熱の出入りがない状態に）されているとします。(a)から(c)の状態に移行する（気体が拡散する）に従い、取り得る状態の数は増加します。

（a）から（c）の状態のエントロピーは、$S_a = k_B \ln W_a$ 、$S_b = k_B \ln W_b$ および $S_c = k_B \ln W_c$ になり、取り得る状態数の大小関係は $W_a < W_b < W_c$ なので、単純に $S_a < S_b < S_c$ になります。エントロピーはどんどん増大する方向に気体分子は拡散し、すべての気体分子が全空間に均等に分布した所（c）で平衡になります。平衡になるまでは、自発的に（c）の方向に向かいます。(A)の位置にいた気体分子が(B)の位置に行くということは、より場合の多い状態の位置に変わるということです。このように位置によるエントロピーを位置エントロピーと呼びます。容器の左側にいて制限を受けていた気体分子は、自然に容器全体に拡散し、より無秩序な状態に移ります。

② 高温の金属板から必ず低温の金属板に熱は移動する

図3-16 (a)のように、同じ大きさの高温の金属板と低温の金属板が接する場合を考えてみます。周りの空間はこれらの金属板と熱的に遮断されていて、熱は二つの金属板間でのみ移動できると考えます。熱的に遮断されている状態を断熱状態と言います。問題は、二つの金属板の温度は時間と共にどう変化するか、です。常識的に判断すれば、熱い板が冷えて、その分冷たい板が温かくなるはずです。結果はもちろんその通りですが、それをエントロピーの増減で考えてみましょう。

話を簡単にするために、二つの金属板AおよびBは5個ずつの金属原子から成るとします。各金属板にある熱エネルギーを任意の単位で表しても

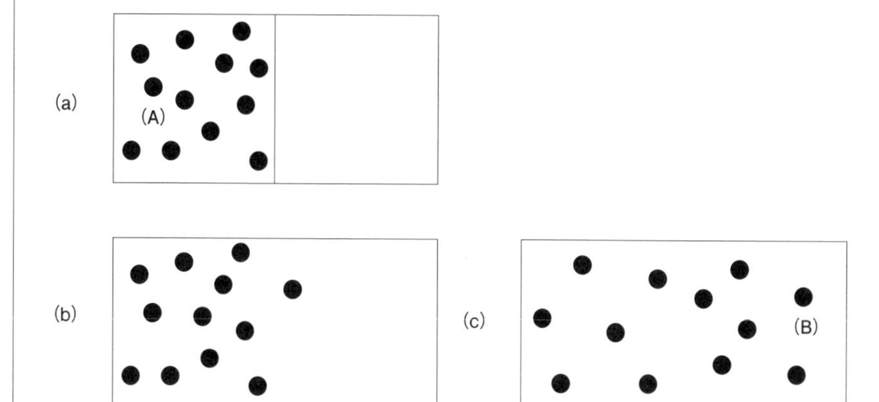

図 3-15　気体分子は自発的に拡散してエントロピー（位置エントロピー）が増大する

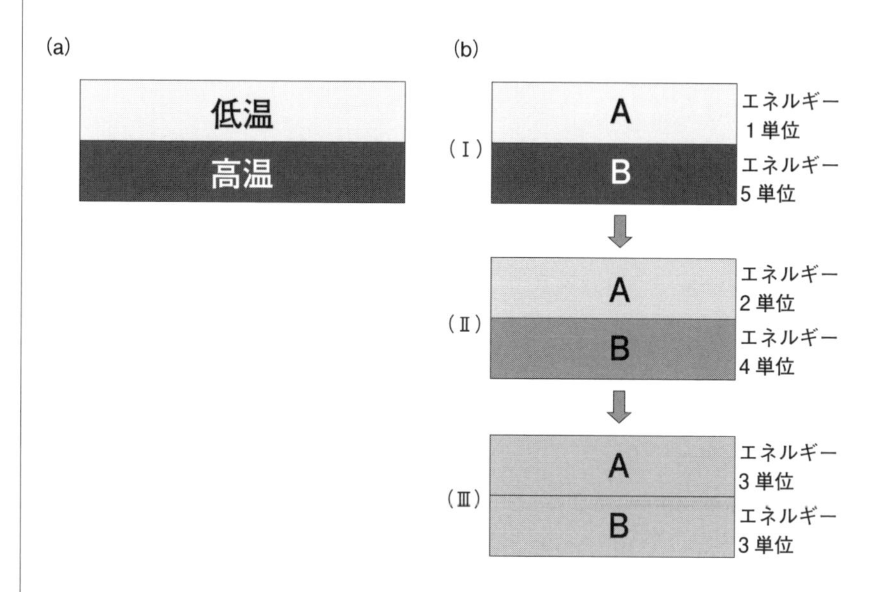

図 3-16　高温と低温の金属板を接すると、高温側から低温側に熱は移動する

ここでの議論には差し障りがありませんので、まず低温側と高温側にあるエネルギーをそれぞれ1および5単位とします。単位エネルギーは「重複を許して」各原子に分配されます。つまり、一つの原子は0単位から、与えられ得る最大の単位エネルギーまで、すべてのエネルギー単位を取ることができます。

10原子すべてが取り得るエネルギーの状態数をW、A板およびB板のエネルギー状態数をそれぞれW_AおよびW_Bとすると、

$$W = W_A \times W_B$$

になります。(I)のA板では5個の金属原子に1単位のエネルギーを「重複を許して」分配します。その場合の数W_Aは${}_5H_1$で、5になります。この場合は分配するエネルギーは1単位ですから、事実上の重複はなく、1単位のエネルギーを5個の金属原子のどれかに分配することになります。

一方、(I)のB板では5個の金属原子に、重複を許して5単位のエネルギーを分配しますので、各原子が最大5単位のエネルギーを持つようなさまざまな分配の組み合わせが可能になり、場合の数は急に増えます。その場合の数W_Bは${}_5H_5$で126になります。従って、二つの金属板全体で取り得る総状態数は5×126でW_{I}＝630になります。

もし高温側Bから低温側Aにエネルギーが1単位移ると、Aは少しだけ温かくなり、Bは少しだけ冷えます。この場合の状態数はAでは${}_5H_2$＝30通り、Bでは${}_5H_4$＝70通りですから、総状態数は15×70、つまり、W_{II}＝1050になります。さらにBからAに1単位のエネルギーが移ると、BとAは同じ温度になります。その時のAおよびBの状態数は共に35ですから、総状態数は35×35でW_{III}＝1225になります。明らかにI→II→IIIと状態数は増加しますので、その方向に状態は自発的に変化します。

これは私たちの常識とも合います。熱い金属板と冷たい金属板を接すると、熱は熱いほうから冷たいほうに流れ、両者の温度が等しくなるまで、

熱の移動は起こります。決して冷たいほうがより冷たく、熱いほうがより熱くなることはありません。自発的な過程では、エントロピーSが必ず増加する方向に熱エネルギーは移動します。この例のように、熱エネルギー配分による状態数によって決まるエントロピーのことを熱エントロピーと言います。

この例で注意しておくべきことは、接する２枚の金属板だけに注目しているということです。従って、熱の出入りは２枚の金属板の間のみで起こり、周囲の環境との間には熱の出入りはまったくないと考えています。

③　冷たい水は自然に温かくなるか？

熱エネルギーは高温から低温にしか移動しないと言いました。それではコップに入れた冷たい水を暖かい部屋に置く（**図3-17 (a)**）と、なぜ温かくなるのでしょうか？

冷たい水を魔法瓶のように断熱された容器にいれておけば、冷たさを長時間維持できます。**断熱した容器のように、外界との熱（そして物質）の出入りがない系を孤立系と言います**。一方、**外界と物質のやり取りはできないが、エネルギーのやり取りはできる系を閉鎖系と言います**。冷たい水の立場のみから考えると、自然に温まることは熱力学第２法則に反するので起こるはずがありません。しかし、冷水の入ったコップは閉鎖系なので、暖かい部屋の空気と接することができ、暖かい空気と熱エネルギーのやり

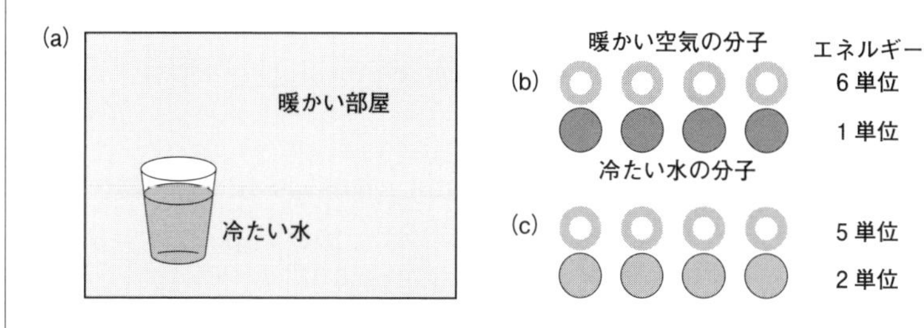

図 3-17　暖かい部屋に置いた冷たい水は温まる

取りができます。

スケールは小さいですが、**図3-17(b)**に示すように、冷たい水の表面にある４分子に暖かい部屋の空気４分子が接することを考えます。金属板での熱の移動と同じことが起こります。(b)のように冷水４分子には１単位のエネルギーしかなく、空気４分子には６単位のエネルギーがあるとします。エネルギーを分子に配分する仕方は水分子では${}_4H_1$＝4通りであり、空気分子では${}_4H_6$＝84通りですから、状態数の総数は4×84＝336になります。以下、計算は省きますが、暖かい空気分子から冷たい水分子にエネルギーが１単位移動すると、総状態数は560に増加します。

従って、熱エントロピーの増減から考えれば、状態数の総数が増加する(b)から(c)の方向に状態は必ず変化するはずです。すなわち、コップの中の水分子の熱エネルギーが増加して、温度が上がります。そして両者の温度が一致するところで平衡になります。その時の室温は、コップ一杯の冷水に熱エネルギーを与えてしまうために、初期値よりは少しだけ低くなることは勿論です。部屋全体が断熱されていれば、それ以降の温度変化はなくなります。私たちの経験からわかるように、部屋の温度が高いほど、冷水が温かくなるまでの時間は短くなります。原則的に変化するといっても、その変化の速さは持っているエネルギーや空間の大きさによって変わります。

このように、系の一部である冷水だけに注目すると、あたかも熱力学第２法則に反するように見えても、系全体について考えると、熱力学第２法則はきちんと成立しています。狭い視野で見たことに基づいて考えると、間違った結論に達してしまうことが少なくありません。

④　インクが水に拡散する

図3-18に示すように、赤インクをコップの水に静かに滴下する(a)と、インクはしばらく水の表面に留まり(b)、次第に水中に広がっていき(c)、最終的に水全体が薄いピンク(d)になります。ラベンダー色の入浴剤を浴

槽に入れると、浴槽の底にまず沈殿し、そこを中心に入浴剤の紫色は浴槽全体に溶けだし、最終的に浴槽内の水全体がラベンダー色になります。こうした過程でもエントロピーの増大が変化の方向を決めています。

話を簡単にするために、赤インクが水に溶けるとは、赤インクの分子（色素分子）が水分子に置き換わることである、と考えます（**図3-19**(a)）。色素分子は一般に水分子より大きな分子ですが、ここでは、少し大胆に、水分子と色素分子はまったく同じ大きさと考えてしまいます。少しスケールは小さいですが、１層に３個の水分子が並んだ、５層の水分子の集団でコップの水とします(b)。

３分子の赤インクを静かに滴下すると、まず(c)のように表面に３個の赤インク分子が並びます。この状態の状態数は１です。もし(d)のように、第２層まで、赤インクが広がると、状態数は${}_6C_3$で、20通りの状態が取れるようになります。赤インク分子がさらに拡散して３層そして５層全体まで広がると、取り得る状態の数は、それぞれ84および455と急激に多くなり、エントロピーは増大していきます。従って、赤インク分子は、時間と共に自発的にどんどん下層にまで広がり、水全体に均等に行き渡るようになります。

いったん**赤インクが拡散してしまい桃色になった水の中のインク分子が再び集合して、水の一部が自然にもとのインクと同じ赤い色になるということは絶対に起こり得ません。**エントロピーの増大する方向は一方向であ

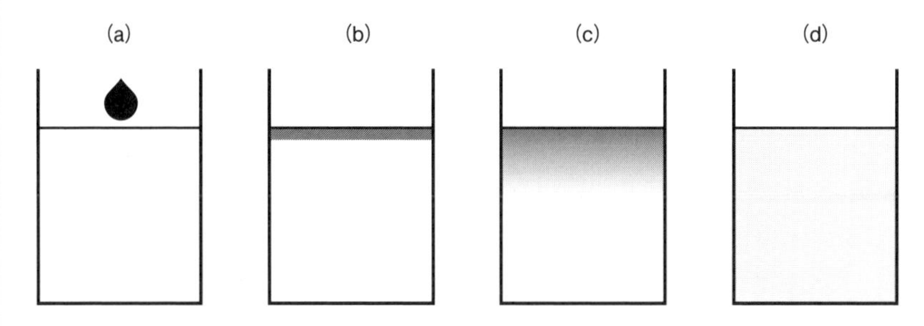

図3-18　赤インクを水に落とすと、水の中に広がり、最終的に水全体が薄いピンク色になる

り、その方向を逆向きにさせることはできません。赤インク分子によるエントロピーの増大は、インク分子の位置のエントロピーの増大ですが、水にインク分子が混じる時に増大するエントロピーなので、混合エントロピーという言い方もされます。

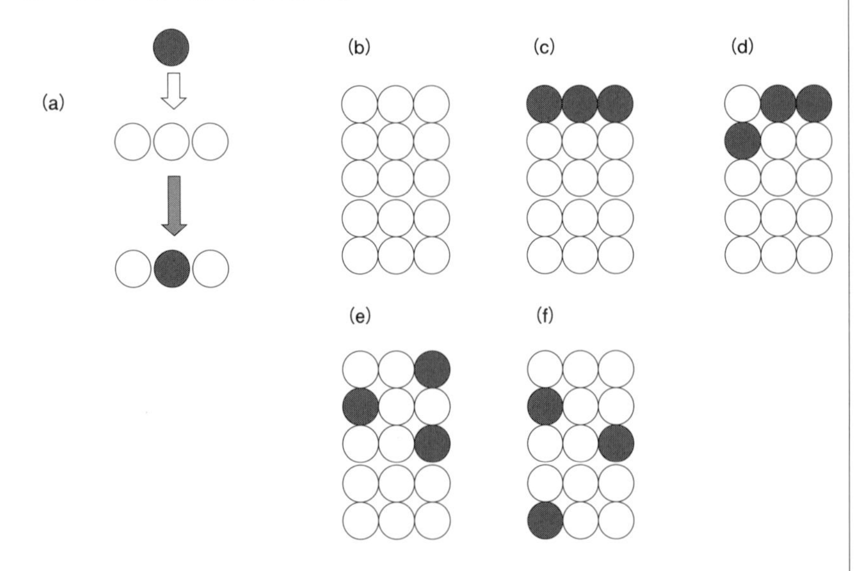

図 3-19　赤インク分子（黒丸）が水分子の集団中に拡散する微視的状態の変化
(a) 赤インク分子が水分子と置換すると、ここでは考える　(b) 初期状態
(c) 第1層に赤インク分子が広がる　(d) 第2層まで広がった場合の一つ
(e) 第3層まで広がった場合の一つ　(f) 第5層まで広がった場合の一つ

⑤　エントロピーの増大なしになんの変化も起こらない

すべての分子は**図3-20**に示すように、固体、液体そして気体の状態を取ることができます。この図で○は分子を表します。物質の三態です。図に示すように、固体、液体そして気体になるに従い、分子同士の間隔が広くなり、密度が下がります。固体は固く、液体は流れ、気体は捉えどころがないほど希薄になります。

分子や原子（以下総称して粒子と呼びます）の間には、それらを本質的に引きつける力が働きます。一方、粒子は熱エネルギーが与えられると動き回るようになります。

与えられる熱エネルギーが少ないと、すなわち温度が低いと、粒子同士を引きつける力が勝り、粒子は密に集合して固体になっています。

一方、与えられる熱エネルギーが多いと、すなわち温度が高いと粒子の運動エネルギーが粒子同士を引きつける力に打ち勝ち、粒子は相互に大きく動くことが可能になり、まずは液体になります。

そして、さらに与えられる熱エネルギーが増加すると、もはや粒子同士を引力が近くにつなぎ止めておくことができなくなり、気体になります。粒子が重いと少しの熱エネルギーでは動かないので、固体のままでいることが多くなり、粒子が軽いと容易に気体になれます。重い金属原子はたいてい室温では固体状態であり、水素分子のように軽い分子は室温では気体であるのは、この理由によります。

一方、固体中の粒子はより広い空間に拡散したい(位置エントロピーを増大したい)という本質的な欲求を持っています。しかし、それを実現するには熱エネルギーが与えられる必要があります。今、原子・分子の存在する領域を物質系、そしてそれを囲む領域を環境と呼ぶことにします(**図3-21**)。

すると、この系全体の変化の方向性を決めるエントロピー変化($\Delta S_{全体}$)は、

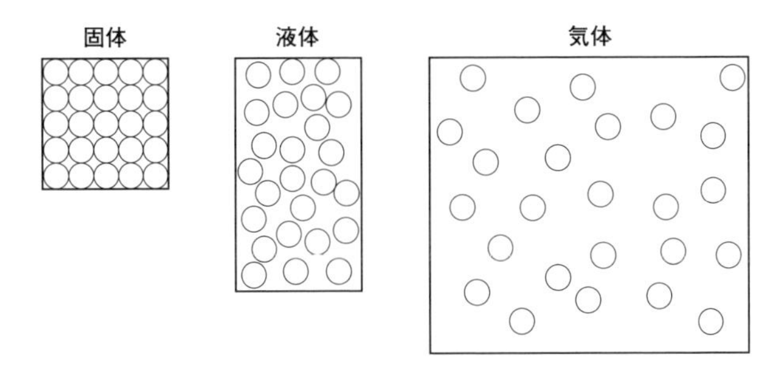

図3-20 固体、液体および気体中の粒子の位置エントロピーの違い

$$\Delta S_{全体} = \Delta S_{物質系} + \Delta S_{環境} \text{ ---------- (3-10)}$$

と表すことができます。$\Delta S_{物質系}$が大きくても、$\Delta S_{環境}$がそれにブレーキをかければ、その変化は全体として自発的には起こりません。$\Delta S_{全体}>0$にならなければ、その変化は自発的に起こりません。

物質系において、低いエントロピー状態（例えば固体）から、より高いエントロピー状態（例えば液体）に上げるためには、環境からエンタルピー（エネルギー）を供給する必要があります。

つまり、物質系において粒子が位置エントロピーを獲得するためには、環境の熱エントロピーを使わなければなりません。それにともない、環境の熱エントロピーは減少しますので、環境の熱エントロピー変化の符号は負になります。その絶対値は温度が上がると小さくなります（式（3-7）を思い出して下さい）。

従って、より高い温度では$\Delta S_{物質系}>0$の効果が強くなり、その結果$\Delta S_{全体}>0$になれば、物質系において各粒子はより高い位置エントロピー状態をとるように変化します。一方、温度が低い場合には、環境の熱エント

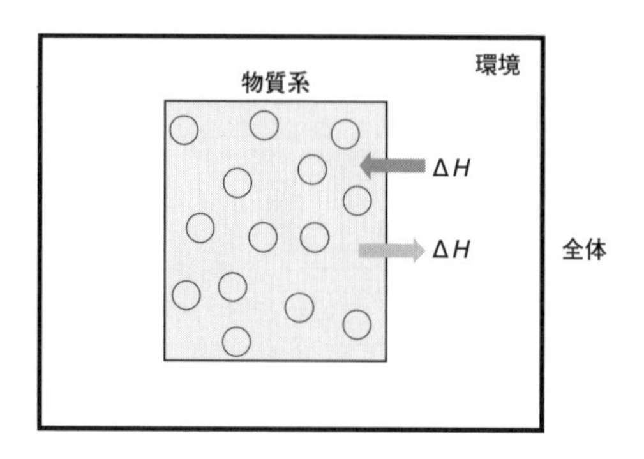

図 3-21　物質系と環境のエントロピー変化が系全体のエントロピー変化を決める

ロピーの減少は大きくならざるを得ないので、$\Delta S_{物質系} > 0$の効果は弱められてしまい、物質系において位置エントロピーの高い状態への変化（例えば液体から気体）は起こらなくなります。

とても面倒な物の言い方をしてきましたが、現象自体は、私たちが日常経験することそのもので、まったく矛盾するものではありません。部屋に置いた氷（固体）は、部屋の温度が高ければすぐに溶けて液体の水になりますが、部屋の温度が低いとゆっくり溶けます。室温が0 ℃（273 K）以下になれば、もちろん氷は溶けません。それどころか、もし氷の周りに液体の水がついていれば、それも凍ってしまい、固体になります。

固体中の原子・分子も本来的により自由になることができます。しかし、自由になるにはエネルギーが必要になります。エネルギーが無ければ自由は実現できません。人間に与えられている自由も同じです。その自由は無原則的に享受できるものではなく、それを実現するためのエネルギーの獲得が大前提です。

液体が固体になる場合を考えてみましょう。物質系のエントロピーは減少するので、$\Delta S_{物質系} < 0$です。ですから固体になるためには、このマイナス分を上回るだけのプラスの$\Delta S_{環境}$が必要になります。$\Delta S_{環境} = \Delta H_{環境}/T > 0$ですから、物質系は環境に$\Delta H_{環境} > 0$のエネルギーを吐き出す必要があります。つまり環境が物質系から$\Delta H > 0$の熱を吸収すれば良いことになります。当たり前の話ですが、物質系を室温の部屋から冷蔵庫の中に移せば、このことは実現できます。$\Delta S_{環境}$（正）の絶対値が$\Delta S_{物質系}$（負）の絶対値を上回れば、$\Delta S_{全体} > 0$になり、液体は固体になります。

以上の考察からわかるとても重要なことは、**液体が気体になろうが、気体が液体になろうが、そうした変化が起これば、いつでも全体のエントロピーの増加につながるということです。エントロピーの増加なしには、何の変化も起こらない**と言った方がよいかもしれません。

世界のどこかが発展するということは、世界の別の場所では、秩序から無秩序への変化が必ず起こっているということです。自分たちだけの努力のみで、その組織がうまく行っているように見えても、それを実現するためには必ずどこかでエネルギーが消費されているはずです。**式(3-10)**はとても重要な関係式であり、私たちはこの式の存在を忘れてはならないと思います。熱力学第２法則をある意味で包括的に表現しているのが式(3-10)であるとも言えます。

⑥　役に立つエネルギー、役に立たないエネルギー

今日は2022年7月23日で、1日当たりの新型コロナ・ウイルス感染者数が全国で初めて20万人を突破しました。この状況に追い打ちをかけているのが、このところ続いている猛暑です。電力供給の事情も逼迫しているので、節電協力のためにクーラーをつけずにこの原稿を書いています。私の書斎は１階の北側なので、家の中では比較的涼しい領域です。しかし、時に部屋の温度は32 ℃（305 K）を超えます。この熱を使って電気を作り、その電気で部屋を冷却できないだろうか？

暑さで思考能力が落ちた訳でもありませんが、不可能なことは重々わかっていても、ついそう思ってしまいます。

なぜ不可能なのでしょうか？　本書をここまで読み進んできた読者であれば、簡単に答えられるでしょう。これは水に完全に拡散してしまった赤インクを元の赤インク瓶に戻して、それで字を書くことが実質的に不可能であることと同じです。エントロピーが増大しきってしまった空気中の熱から、まとまった形で熱エネルギーを取り出すことができないからです。不用意に環境中に排出されてしまった熱の回収は事実上できません。

１億人の日本人が１人ずつ１円持っていれば、合計は１億円になり、それだけのお金があればちょっとした事業ができるでしょう。しかし、皆がただ１円ずつ持っていただけでは、何も起こりませんし、起こせません。エントロピーが増大してしまったお金は使いものになりません。何かをするためには、その1円をまとめ、まとまったお金の形にする、つまりエントロピーをまず減少させる必要があります。残念ながら、熱力学第２法則

は、自然な状態では決してお金はまとまらないことを明言しています。散逸したお金（エネルギー）はまったく役に立ちません。政府の行う「バラマキ」政策がほとんど成功しない本質的な理由の一つに、「エントロピー増大の法則」があります。

⑦　自由エネルギーが意味すること

系全体は、$\Delta S_{全体} > 0$になる方向に進みます。

すなわち、

$$\Delta S_{全体} = \Delta S_{物質系} + \Delta S_{環境} > 0 \text{ ---------- (3-11)}$$

です。

しかし、上の式で環境側からの影響をいちいち考えるのではなく、物質系における変化ですべてを考えるとわかりやすくなります。熱力学第１法則によって、全体のエネルギーは保存されますので、物質系が獲得したエンタルピーと同じ量のエンタルピーを環境は失うことになります。従って**式**(3-11)は、

$$\Delta S_{全体} = \Delta S_{物質系} - \frac{\Delta H_{物質系}}{T}$$

となり、Tを両辺に掛ければ、

$$T\Delta S_{全体} = T\Delta S_{物質系} - \Delta H_{物質系} > 0$$

すなわち、

$$\Delta H_{物質系} - T\Delta S_{物質系} < 0$$

ということになります。ここで改めて、

$$\Delta H_{物質系} - T\Delta S_{物質系} = \Delta G$$

と表すと、

$$\Delta G < 0$$

になります。$\Delta G<0$になる方向に進む現象は、原則的に起こり得る現象と言えます。**ΔGのことをギブス（Gibbs）の自由エネルギーと呼びます。**氷から水そして水から氷の変化のように、AとBの状態間で変化が起こる場合、A→Bの変化が自発的に起こるのであれば、その時は$\Delta G<0$になります。しかし、もし$\Delta G > 0$になると自発的に起こる変化は逆向きのB→Aになります。また$\Delta G=0$だと、A→BとB→Aの変化が等しく起こるので、全体として変化のない状態つまり平衡状態になります。

ギブス自由エネルギーは、自分に与えられた条件だけで変化の方向を知ることができるので、物事の変化の方向を判断する時にも便利な量です。改めてギブス自由エネルギーを見てみましょう。物質系だけに注目するので、物質系の添え字は省略します。

$$\Delta G = \Delta H - T\Delta S \quad \text{----------} (3\text{-}12)$$

です。すでに述べたように、圧力が一定の時に変化するエネルギーの量がΔHです。地球上で自然に起こる現象のほとんどが大気圧下（定圧下）で起こっていますので、エネルギーの変化はエンタルピーの変化で表現すれば十分です。

またギブス自由エネルギーは、熱力学の法則を拡張して得られた量であり、熱力学第１法則と第２法則を簡潔にまとめたものと言えます。化学反応などの物質界の変化の本質を理解する上で大変便利な量ですが、私たち自身の生命活動や地球上で起こるいろいろな現象の変化を理解する上でも幅広く適用できます。それらの変化はすべてこの自由エネルギーの変化によって制御されているということです。

$\Delta G = \Delta H - T\Delta S$の意味するところを再度みてみます。自発的な変化においては、ΔSはどんどん増大します。温度が低いと、その影響は小さくなりますが、ΔSは常に大きくなります。外部からのエネルギーの供給がなければ、すなわち$\Delta H=0$なら、常に$\Delta G<0$になりますので、どんどんその方向に物事の変化は進みます。つまり**ギブス自由エネルギーがマイナスになる方向に物事は動く**のです。

漫然としていれば、部屋の中はどんどん散らばっていきます。時々少し努力して散らばらないように注意を払う（エネルギーを使う）と、それ以上は大きく散らばりませんが、雑然とした状況は、時間と共に少しずつ確実に悪化します。もし、ある所で意を決して、頑張って（エネルギーをたくさん使って）片付けを行うと、部屋は一時は整然とします（$\Delta S<0$）。

このように、ギブス自由エネルギーは、**「世の中、エントロピーはどんどん増大してしまうので、どうしようもない」と言っているのではなく、努力すれば事態を解決する道のあることを示しています**。別の言い方をすれば、無原則的な自由などなく、自由は努力して獲得するものであることを示してもいます。

宗教には、教えを凝縮して簡潔な言葉にした表現があります。**式（3-12）**は正にその一つの良い例です。昔から、世界や個人の人生に普遍な根本原理を探るために、さまざまな宗教や哲学が生まれて来ました。物事を統一的に捉えるためには、一体何を真理とすれば良いのかを求めて来ました。普遍的な原理は一体あるのだろうか？　もしあるとしたら、私たちがそれに基づきどのように生きるべきかを考えることはとても大事ですが、そのことを学校教育で教わることはありません。根本原理を一義的に決定することは、特定の思想や宗教に偏ることにつながりかねないという懸念から、あえて教育の現場から外しているのかもしれません。私たちは育っていく過程で、身の周りに起こるさまざまな事象を身をもって体験しながら、意識するしないにかかわらず、根本原理（またはそうしたもの）を手探りでつかみ、それに基づき人生を進んでいくための基本的価値観を形成していきます。

しかし、多くの人々はその過程で何度も何度も、確かな根本原理とは一体何だろうかと確認するのではないでしょうか？　また、そうした根本原理は宗教や哲学の中にしかないと思い込んでいる人も少なくないようです。少なくとも「生きる」という物質変化の現象や過程については、宗教家でも哲学者でももっぱら自らの体験を通して学び、その中から本質を得ようと努力してきたようです。可能な限り素直な五感や心によって自らが体験したことから得られる本質は非常に真に近いものになると思います。古代ギリシャの哲学や仏教の経典などの中で述べられていることに真実があるのは、そうした理由によるものと思います。

熱力学の法則はたくさんの科学者たちが、ある意味で冷徹に、自然の仕組みを見極めることで見出した法則であり、特定の宗教観や思想観に基づくものではありません。つまり、この法則が示す根本原理はまぎれもない真実で、私たちを含むこの世界はこの原理に支配されており、その原理を私たちは無視することができない、ということです。私たちは、人生の過程で、進むべき道の選択に迷うことが少なくありません。またそうした際、何を拠り所に判断すべきかに悩むことも多いでしょう。そうした時に、

$$\Delta G = \Delta H - T\Delta S$$

は間違いなく、必ず思い出すべき根本原理と言えます。つまり**結局はギブス自由エネルギーがマイナスになる方向に物事は動く**、ということです。この原理は、現象がどんなに複雑そうに見えても、かならず帳尻では成り立っているからです。**この原理に反する選択や意思決定は、余程の理由が**

ない限り行うべきではなく、この根本原理に照らした解決法を模索すべきです。

自発的に状態ＡからＢに行くのか、ＢからＡに行くのかは、**図3-22**に示すように二つの状態のギブス自由エネルギーの差ΔGのプラス・マイナスの符号で決まります。この図の場合、ＡからＢへの変化は自発的に起こりますが、ＢからＡへの変化は自然には絶対に起こりません。つまりＢからＡに行くためにはエネルギーを供給する必要があります。

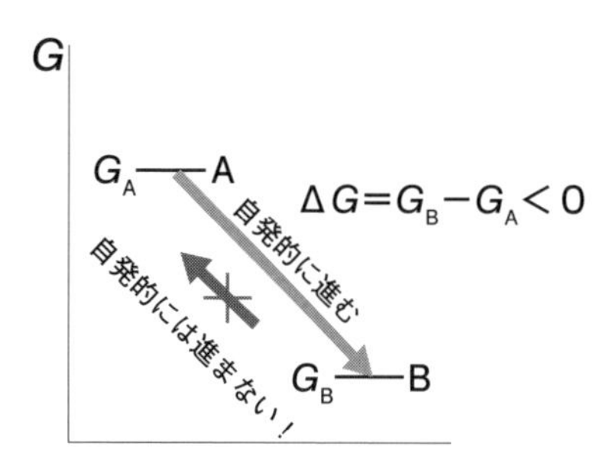

図 3-22　ΔG の符号によって、その事象が自発的に進むかどうかが決まる

⑧　燃料としての水素ガス

地球温暖化の対策の一つとして水素ガス（水素分子）を燃料にする取り組みが始まっています。水素分子は次式のように酸素分子と反応して水分子を作りますが、温室効果ガスは生じません。

$$2H_2(g) + O_2(g) \rightarrow 2H_2O(g) \rightarrow 2H_2O(l) \text{ ---------- (3-13)}$$

この式の括弧内の g および l はそれぞれの分子が気体および液体の状態であることを示します。

この化学反応を自由エネルギーの観点から検討してみましょう。まず前半の気体の水分子ができる所までを考えてみます。ここで、反応は大気圧下、温度が25 ℃（298 K）で行われるとします。このような状態を標準状態と言います。

さて、**式(3-13)**は、左辺にある気体3モルが、右辺の気体2モルになることを示します。理想気体を仮定すると、気体1モルはすべて同じ体積になりますので、この反応では単純に体積が2/3になります。従って、動ける範囲が狭くなり、エントロピーは減少し、エントロピー変化ΔSの符号はマイナスになるはずです。標準状態での$H_2(g)$、$O_2(g)$ および$H_2O(g)$ のエントロピーは実測されており、それらの値を用いると式(3-13)の化学反応に伴う$T\Delta S$は温度が298 K（25 ℃）では－13.2 kJ/molと求められ、この反応のエントロピー変化は確かにマイナスの符号を持ちます。kJ（キロジュール）はエネルギーの単位です（簡単な説明を71ページのコラム4に載せました）。

従って、エントロピーの観点からは、式(3-13) の前半の化学反応は右方向に進まないことがわかります。別の言い方をすれば、水素ガスと酸素ガスを容器の中に入れておくだけでは、両者が混じりはしますが、未来永劫、水分子にはなりません。

それでは、エンタルピーの変化について見てみます。この化学変化は形式的には、大きく分けて2段階で進むと考えることができます。**図3-23**の左側に示すように、まず水素分子と酸素分子がそれぞれの原子に分かれます。次に右側に示すように、O原子にH原子が2個ずつ新たに結合して、

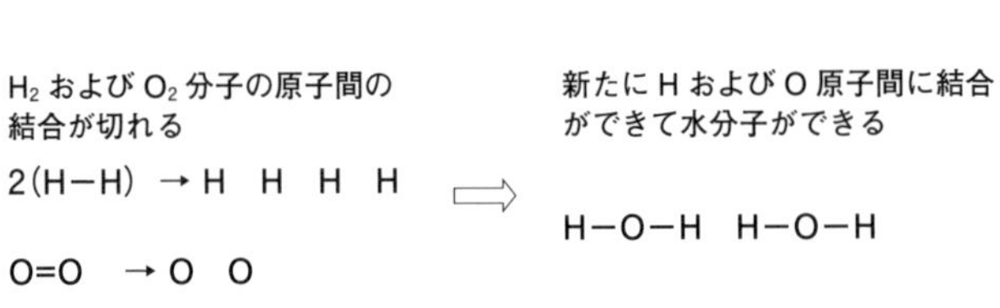

H_2 および O_2 分子の原子間の結合が切れる

2(H−H) → H　H　H　H

O=O　→ O　O

⇨

新たに H および O 原子間に結合ができて水分子ができる

H−O−H　H−O−H

図 3-23　化学結合の組み換えにより、水素分子と酸素分子から水分子ができる

水分子が作られます。分子内では原子同士は結合（化学結合）していますので、化学反応では化学結合の組み換えが行われることになります。化学結合のエネルギーはそれに関与する原子の状態や化学結合の種類によって異なります。結合の組み換えによるエンタルピーの変化は、化学結合のエンタルピーの変化になります。O−H、H−HおよびO＝O結合のエンタルピーを各々H(O−H)、H(H−H)およびH(O＝O)とすると、式(3-13)の反応にともなうエンタルピー変化は次式で表されます。酸素分子内ではO原子同士は２本の化学結合（二重結合）で結ばれていますので、O＝Oと表現しています。

$$\Delta H = 4H(\mathrm{O-H}) - (2H(\mathrm{H-H}) + H(\mathrm{O=O}))$$

このように決められるΔHにさらに分子の運動エネルギー等の寄与（大きくない）を加味すると、正味のΔHになります。実測されるΔHは−241.8 kJ/molです。この値は、水素分子と酸素分子の状態より、水分子になったほうがエネルギー的にずっと安定化することを示します。つまり、新たにできる化学結合のほうがずっと安定であることを示します。以上のΔHとΔSから、温度298 K（25 ℃）での自由エネルギーの変化を求めると、

$$\Delta G = \Delta H - T\Delta S = -228.6\ (\mathrm{kJ/mol})$$

になります。マイナスの符号を持つ値なので、水素分子と酸素分子が反応すれば、「水になれる」ことがわかりました。エントロピー的には不利な状況へも、エネルギーがありさえすれば到達でき得ることをこの例は示しています。しかし、「なれる」と、やや歯切れの悪い表現を使った理由を次に述べます。

図3-24（a）は、H_2Oのギブス自由エネルギーGはH_2とO_2の混合ガスのG

より低く、ΔGの符号はマイナスになるので、混合ガスは反応して水になれることを示します。ここで、唐突ですが、お湯を沸かすためにガスを使う場合を思い出して下さい。燃料に使うガスは可燃性ですが、ガス栓を開いても、そのままではO_2と反応しません。すなわち燃えません。私たちがガスを燃やすためには、まず点火しなくてはなりません。しかし、ずっと点火ボタンを押し続ける必要はなく、最初のほんの一瞬だけで十分です。

じつは**図3-24（b）**に示すように、**（I）**の状態と**（II）**の状態の間には大きなエネルギーの山（障壁）があります。この山を越さないと、水素分子を水分子に変えることはできません。ガスの燃焼の場合にもまったく同じような高い山があります。点火プラグから与えられるエネルギーがこの山を最初に越えるエネルギーになります。単に景気づけでパチパチやるのではなく、この山を越えるのに必要なエネルギーを供給しているのです。一度火が付くと、ガスは燃え、そのエネルギーが次のガス分子を燃やすための山越えに使われます。ガスが燃えた時に発生する熱はかなり大きいので、

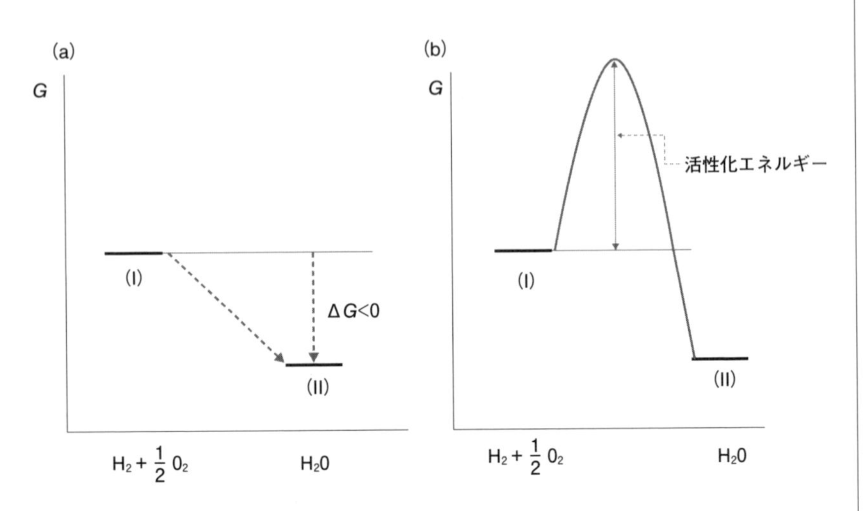

図 3-24　H_2 分子と O_2 分子から水分子を作れる条件
(a) 化学反応に伴うΔ G の符号は負でなければならない
(b) 変化の途中にある山（活性化エネルギーの壁）を越さなければならない

たくさんのガス分子の山越えを助けることができ、「あっ」という間に火力の強い炎になります。

水素分子の燃焼の場合、先に述べたように1モル当たり、228.6 kJもの大きな熱量が放出されます。従って、その熱量は多くの水素分子の山越えを助けることができ、文字通り爆発的に反応は右方向に進みます。この山に相当するエネルギーを、**活性化エネルギー**と呼びます。この活性化エネルギーの山を越えるエネルギーが与えられなければ、ΔGがたとえどんなに大きな負の値を取れるにしても、その状態には決して移行できません。

活性化エネルギーの山は、ガス点火の時のように熱エネルギーによって乗り越えられますが、触媒という物質を使い乗り越えることもできます。触媒は、この活性化エネルギーの山を下げる作用をします。従って、高い山を登る熱エネルギーは要らなくなるので、高い熱を使う必要がありません。

私たち人間が生きていくためには、体の中で整然とたくさんの化学反応が起こらなくてはなりません。しかし私たちの体温はせいぜい37 ℃（310 K）であり、体内で点火プラグを使うこともできません。生体内での反応が常温で、しかも非常に効率的に行えるのは、生体内の反応では触媒を最大限に活用しているからです。ここでは、これ以上触れませんが、活性化エネルギーという試練は私たちの人生を、そして社会を考える上でも、根源的かつ非常に重要な因子です。

最後に式（3-13）の後半である気体の水から液体の水への変化について検討します。これまでの考察から、この過程はエントロピー的には不利になることが予想されます。実際に気体および液体の水のエントロピーはそれぞれ0.189および0.110 KJ/（K・mol）と実験で求められています。従って$\Delta S = -0.079$ KJ/（K・mol）となり、エントロピー変化は負になりますので、このままでは液体にはなり得ません。

この式の前半と同じように、鍵はエンタルピーが握っています。気体および液体の水のエンタルピーは各々－241.8および－285.8 kJ/molであり、液体状態のエンタルピーが44 kJ/mol低くなっています。新たに化学結合ができる訳ではないのに、どうして液体になると水のエンタルピーは下がるのでしょうか？

これには、水のとても重要な性質が関係しています。じつは、水分子同士は、ある距離まで接近すると、互いに強く引き合う性質を持っています（この性質を水素結合と言います）。この性質は、生命誕生の秘密とも密接に関係していますが、ここではその話は省きます。気体状態では水分子同士は遠く離れるので、引き合うことができなくなります。つまり、水分子の場合は、本来的に互いに強く引き合い集合したいという性質を持っており、そのために液体の水の方が気体の水より低いエンタルピーを持つことになります。従って、298 K（25 ℃）での水（気体）→水（液体）に伴う自由エネルギー変化は、

$$\Delta G = \Delta H - T\Delta S = -20.5\ (\mathrm{kJ/mol})$$

となり、符号がマイナスですから、水素分子が燃えてできた気体の水は、すぐさま自発的に液体の水になります。

⑨　オキシドールからの酸素の発生

切り傷や擦り傷の消毒に使われるオキシドールは、過酸化水素（H_2O_2）を3.0%ほど含む水溶液です。傷につけると、「シュワッ」と白い泡がでます。この泡は酸素分子で、この酸素分子で傷の部分を消毒します。過酸化水素が分解して酸素分子が発生するメカニズムには少なくとも次の二つが考えられます。

$$2H_2O_2\ (l) \rightarrow 2H_2O\ (l) + O_2\ (g) \text{ ------ ①}$$
$$H_2O_2\ (l) \rightarrow H_2\ (g) + O_2\ (g) \text{ ---------- ②}$$

化学反応式から見ると、どちらでも酸素分子（O_2）が発生しそうですが、実際はどうなのでしょうか？　ギブス自由エネルギー変化で判断してみましょう。
まず①では、液体の過酸化水素が液体の水と気体の酸素分子になります。この反応のエントロピー変化ΔSは 0.126 kJ/(K・mol）で、エンタルピー変化ΔHは－196 kJ/molですので、温度が298 K（25 ℃）なら、自由エネルギー変化ΔGは－233 kJ/molになります。従って、この反応は自発的に進むことができます。
一方②では、液体の過酸化水素が気体の酸素および水素分子になります。この反応では、生成する分子は二つとも気体になりますので、エントロピーの観点からは反応は進むはずです。実際ΔSは0.226 kJ/(K・mol）と、①の場合の2倍近い値をとります。ところが、ΔHは187.7 kJ/molとその符号はプラスになり、298 K（25 ℃）での自由エネルギー変化ΔGは120.4 kJ/molとプラスの値をとってしまいます。つまり②の反応は絶対に進まないことをΔGの計算値は示します。このように自由エネルギー変化を計算すると、その反応が原則的に進むかどうかを予測することもできます。
さて、もし①の反応に従って過酸化水素が酸素分子を発生するなら、使いかけのオキシドールを常温で保管すると、過酸化水素はどんどんなくなってしまうことになります。実際に使った人は経験していると思いますが、常温で保管しておく限り、オキシドールは気の抜けたコーラのようにすぐにはなりません。つまり、①の反応は原則的には可能ですが、前述した活性化エネルギーがかなり高いので、常温ではこの山を越えることが難しく、反応は自然には進まないのです。常温で暗所に保管する限り、酸素ガスはほとんど発生しません。
それではなぜ傷口にオキシドール溶液を滴下すると、あのように瞬時に白い泡すなわち酸素分子が一気に出るのでしょうか？
その秘密はオキシドールにあるのではなく、傷口にあります。私たちの血液の中にはカタラーゼという酵素が含まれ、この酵素が触媒の働きをして、**図3-25**に示すように、活性化エネルギーを大幅に下げてくれます。従って、反応は常温でも容易に進み、傷口に滴下されたオキシドールから瞬時に酸素分子が発生し、傷口を迅速に消毒できるのです。本題とは直接関係がありませんが、**図3-26**に、この素晴らしい働きをするカタラーゼの分子の構造を示します。傷口の消毒には過酸化水素は役に立ちますが、生命活動の過程で化学反応の副産物として私たちの体内で作られる過酸化水素は細胞にとって非常に有害です。カタラーゼはもともと、この有害な過酸化水素を無毒化するために体内で作られるのです。カタラーゼはタンパク質でできた解毒剤ということです。

自由エネルギー変化は反応が原則的に進むかどうかを決定します。しかし、先の例でもわかるように、反応が進むことを保証されていることと、実際にその反応を進めることができることの間には大きな隔たりがあるのが普通です。

私たちは皆同じように見えても、誰もが特定の難しい仕事を成し遂げられる訳ではありません。ここまでに述べたように、難しい仕事を成し遂げるには、少なくとも二つの因子のどちらかが必要になります。山を越えられる十分なエネルギー（努力）を持っているか、または生まれながらの能力（触媒作用）をもっているか、です。このことは私たちの社会では当たり前の話ですが、自然界（物質界）でも、まったく同じことが成立しています。

このように、私たちの「当たり前」という感覚は、特定の社会的環境で限定的に作られるものではなく、科学法則に基づくものであり、むしろ本来的に普遍的なものだと思います。

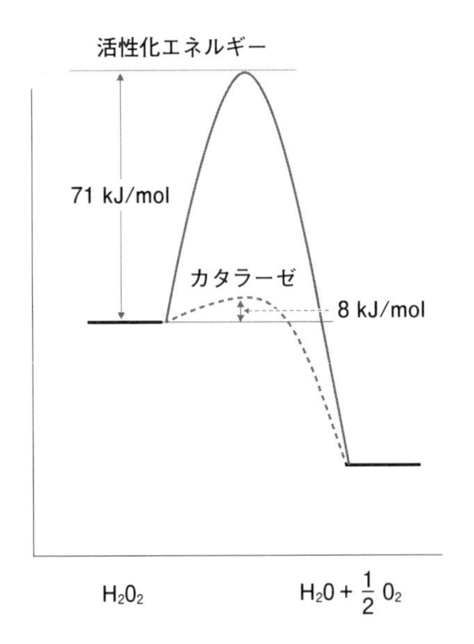

図 3-25 酸素カタラーゼ（触媒）が活性化エネルギーを大きく下げて反応を進める

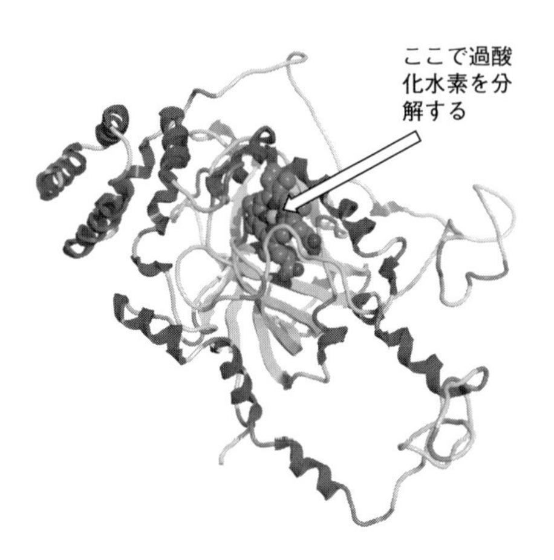

図 3-26 カタラーゼの立体構造の模式図

4

エントロピーの法則から わかる私たちの未来

私たちが拠り所にできる真理

種も仕掛けもない100枚のコインを投げて、すべてのコインが同時に表になる偶然にたとえ巡り合えても、二度とそうしたことは起こらないだろうということを私たちは感じています。コーヒーに砂糖を入れ過ぎてしまい、しまったと思ってもそれは後の祭りで、砂糖だけをコーヒーから除くことが不可能であることを知っています。私たちは、実際の体験を通じて、小さい頃から生活の知恵として、これらのことを学んできました。

第２章そして第３章で、こうした事実の裏には厳然たる科学的あるいは論理的な法則が共通にあることを学びました。熱力学第２法則、すなわちエントロピー増大の法則です。この法則は簡単に言ってしまうと、物質もエネルギーそして情報もどんどん拡散していく方向に事象は進むという法則です。

「コインの裏表」と「コーヒー中の砂糖」とはずいぶん違う事象のように思えるかもしれませんが、**エントロピー増大の法則は、原子や分子の世界から宇宙に至るまで、森羅万象の中で成立する法則**です。もちろん私たちの生も死も、社会の発展・衰退も、さらには人類の存亡も、この法則から逃れることはできません。従って、私たちが生きていく過程で遭遇するさまざまな問題を考え、それに対応していく上で、この法則の意味するところを意識し、それに基づいて判断することが、誤った方向に進まないためには必要になります。

現在のところ、この法則を学校教育で教える機会は少なく、多くの人々、とりわけ文系に進んだ人々がこの法則について勉強する機会はほとんどありません。もちろん、多くの人が、「お片付け」の習慣など、生きて行く過程で体験的にこの法則の存在をうすうす感じるようになり、それに対応する生活の知恵を身につけていきます。しかし、そうした漠然とした感覚や知識と、それを科学法則であると認識することの間には大きな質的な差が自ずと生じます。科学法則として認識されると、それに基づいて自信をもって判断ができるだけでなく、その法則から論理的な発展や応用が可能になります。例えば、1＋1＝2の法則の意味が分かれば、自信をもって100＋200も300－109も、さらに発展すれば3×4も求めることができます。法則を適用すれば、すべての問題に対して、個々に最初からいちいち確認しながら判断するのではなく、見通しを持って大局的に問題を迅速にかつ正確に判断することが可能になります。

科学の法則というと、電流と抵抗の値から電圧の値を求める「オームの法則」のように、細かい数値計算を伴うものを想像しがちですが、エントロピー増大の法則は、細かい数字だけでなく、物事が進んでいく方向をも教えてくれます。「私たちは本筋から離れていないだろうか？」という質問にこの法則は答えてくれます。もしそうなら、これは単なる科学法則の一つではなく、私たちが日々生きて行く上で拠り所にすべき真理とも言えるはずです。

それでは、熱力学第２法則とはどの程度信頼できるものなのでしょうか？　数学と異なり、科学法則の正しさは論理だけではなく、現実の現象とも符合しなければなりません。有名かつ重要な物理学の理論である相対性理論にしても量子論にしても、それらがまだ理論の完成形には至っていないと多くの科学者は考えています。もちろんこれらの理論が間違いと言う訳ではなく、それらをさらに包含し、より広域をカバーする理論の可能性があるということです。宇宙の話によく出てくるビッグ・バンは、確実性という意味からは、まだ仮説の領域にあるといえます。

しかし、**熱力学第２法則は、ほとんどすべての物理学者が正しいと認識している唯一ともいえる科学法則**です。虎の威を借る狐ではありませんが、そうした物理学者の代表としてアルバート・アインシュタインの見解をご紹介します。アインシュタインは、熱力学第２法則は将来的な科学的発見によっても変化することがない原理だと考えていました。1949年に発行された自伝の中で、次のように言っています。「理論は、その前提が単純であるほど、より異なる事象を関係付けられるほど、またその応用範囲が広いほど、より印象的になります。その意味で、古典熱力学は私に深い感銘を与えました。この物理学理論は、普遍的な内容を持つ唯一の理論であり、その基礎概念の応用という枠組みでとらえるなら、この理論が覆ることは決してないと私は確信します」。このようにアインシュタインは、私たちは熱力学が教えるところを、自信を持って信じ、それに基づいて判断しても良いことを示唆しています。

アインシュタインが述べるように、熱力学第２法則は普遍的な法則なので、この世の中のじつにさまざまな状況で、その法則が働いている場面に私たちは遭遇します。この章では、この「エントロピー増大の法則」の多様な面について述べると共に、私たちはこの宿命的な法則とどう向き合うべきかについても触れたいと思います。

無秩序とは

私の書斎も決して綺麗とは言えないので、大きな顔はできませんが、かつての大学の同僚の教授室の中には、まさに足の踏み場もないという状態にある部屋が少なからずありました。論文のコピーが１m以上も無造作に積み重ねられていたり、積んだ本が崩れて、あちこちで本の小山ができていることもあります。その間にわずかに覗いている机の上に、すでに乾いてしまったコーヒー・カップが半分覗いていることも珍しくありません。

しかし、住民である彼ら（恐らく私も）に訊ねれば、たいてい答えは同じで、「必要な書類や本の場所（埋まっている場所）はわかっている」です。あの山のあの辺りには、あの論文を置いてある、という具合です。つまり、これらの教授室は第三者が見ると、まったくの無秩序状態ですが、所有者に言わせれば、そこにはある種の秩序がある訳です。秩序と無秩序の区別は、意外と主観的なもので、そこにあまり定量性はありません。

エントロピーは秩序の目安としてよく使われ、「秩序から無秩序の状態に進むに従いエントロピーは増加する」、と表現されます。ところが先ほどの教授室の例のように、秩序と無秩序を区別するのは意外と難しい場合があります。

一つの例を見てみましょう。**図4-1 (a)** に示す二つのまったく同じ大きさと形の容器には、２種類の異なる分子がそれぞれ同じ数だけ入っています。**図4-1 (b)** では（a）とまったく同じ大きさと形の一つの容器の中に２種類の分子が同数入っています。一見すると、（b）のほうが無秩序のような感じがします。じつはエントロピーは（a）と（b）で等しくなります。

つまり、私たちの無秩序という感覚とエントロピー量には微妙なずれのあることは確かです。もし、**図4-2**の場合であれば、**(b)** のほうのエントロピーは大きくなります。教授室の例でいけば、続きの部屋を使って、資料を置く空間を広げれば、資料のエントロピーは確実に増加します。この場

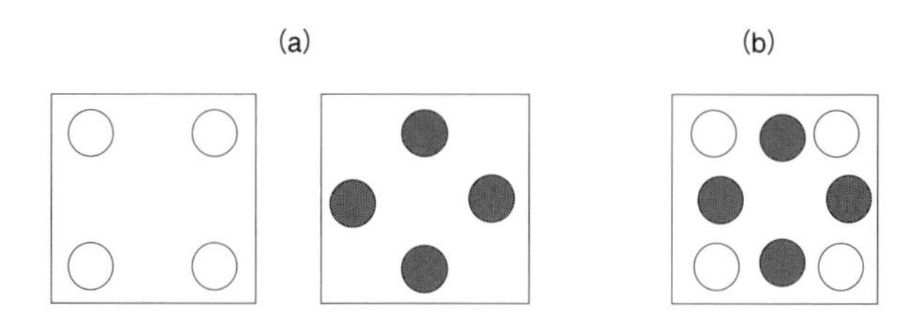

図 4-1 （a）と（b）の状態のエントロピーは等しい

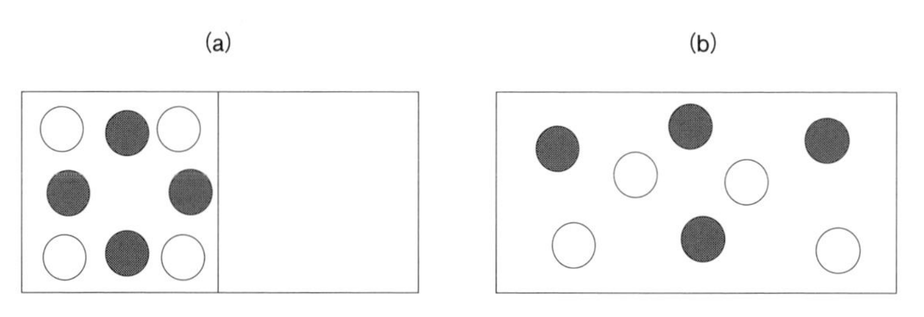

図 4-2 （b）の状態のほうが（a）の状態よりエントロピーが大きい

合、資料を置く空間が２倍になりますので、教授の記憶力で２倍に増えた空間内の位置座標をどれだけ正確に覚えていられるかは微妙な問題になります。つまり、同じように散らかすといっそうエントロピーが増大するので、資料を探す手間が増えます。件の教授が賢ければ、隣の部屋の使用を辞退して、元の部屋での資料のさらなる積み上げを選択するかもしれません。

このように秩序・無秩序という表現は、エントロピーの概念で判断するとややずれることもあります。しかし、図3-20に示した分子の固体、液体そして気体の状態のように私たちの秩序・無秩序の感覚とエントロピー量がよく対応することも多いので、「エントロピーが増大すると秩序が失われ、無秩序な状態になる」と表現してもたいていは問題ありませんし、実際にそのように使われています。

時の矢

私たちは日常生活において、すべてのことが一方向に進んでいくことを知っています。先週の日曜日から始まり、今週の日曜日が来ますが、今週の日曜日は先週の日曜日ではありません。先週の日曜日に買った花は残念ながら、しぼんで枯れそうになっています。先週の日曜日は晴れでしたが、今週の日曜日は雨です。まったく同じように見える物も、少しずつですが、先週とは変わっています。先週うっかり落として壊してしまった花瓶は決して元には戻りません。これらのことは私たちの常識に反するものではありませんが、なぜ物事は一方向にしか進まないのでしょうか？　時計の針をむりやり逆戻りさせても、新型コロナ・ウイルス発生前には戻れません。

物理学の法則の中には、「時間」を含む法則がたくさんあります。例えばニュートンの有名な運動方程式は**図4-3（a）**のように、物体が時間 t と共に落下することを示します。この方程式では t の符号についての制限はありません。t の符号はプラス（未来に進む）でもマイナス（過去に進む）でも良いので、$-t$ の方向の運動をこの方程式で求めれば、**図4-3（b）**に示す、坂を自発的に上る運動になります。相対性理論でも量子論でも、その法則に t の方向性は含まれていません。前向きの時間でも、後ろ向きの時間でもまったく問題なく法則自身は成立してしまいます。これを法則の「時間反転の対称性」と言います。しかし、現実には、私たちの経験からも、動画の逆再生のような図4-3（b）のような運動は決して自発的には起こりません。

一方、熱力学第２法則の教えるところは、「閉鎖系で自発的に進む方向はエントロピーが増大する方向である」ということです。方向は一方向で、エントロピーが増大する方向のみです。このことから、「時間の矢」、すなわち時間の進む方向はエントロピー増大の方向に一致します。そう考えても、少なくとも私たち個々人の経験と矛盾しません。そこから極論して時間とはエントロピー増大の方向であるという考えも出て来ました。私自身はこの考え方はおかしいと思っています。残念ながら、時間とは何かについてすべての物理学者が納得できる説明は今のところありません。大変興味深い問題ですが、本書の主題から離れるので、この辺で止めておきます。

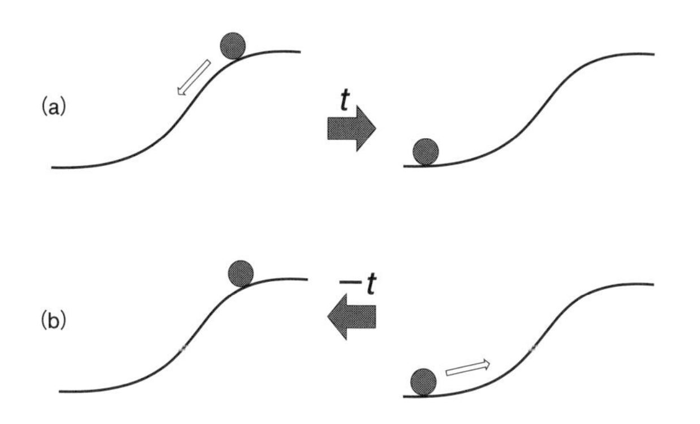

図 4-3　ニュートンの運動方程式の「時間反転の対称性」。この方程式では坂を転げ落ちた物体の運動 (a) を、時間を逆向きにすることで、坂を駆け上る物体の運動 (b) にすることもできる

さて熱力学的エントロピーと情報エントロピーは本質的に同じであることを第３章でお話ししました。両者が等価であることから、情報エントロピーの本質は、熱力学的エントロピーの本質でもあると言えます。第２章で述べたように、高い確率で起こる事象はより頻度高く起こるので、試行を繰り返すと、高い確率で起こる事象が現れる割合が多くなります。そして、エントロピーが最大になる状態で平衡状態になり、いったん平衡状態に達すると、そこから逸脱することはほとんどなくなります。そしてこの傾向は取り得る事象の数Nが大きければ大きいほど顕著になります。

熱力学的エントロピーの場合は、状態数Nの数が膨大であることから、事態をぐいぐい平衡状態に引っ張り込む大きな力として働き、その状態から逃れられないようにします。平衡状態の方向に向いて過程はまっしぐらに進みますので、一方向に強い力で変化は進行するように見えます。時間の観点から言うと、時間の矢は平衡状態に向かって飛んでいきます。

しかし、平衡状態から離れることが絶対にできないということではありません。ただ、それが起こる確率が極めて極めて低いということです。

第２章でも示した例ですが、細工のないコイン100枚をまずすべて裏にしておき、その中からランダムに１枚ずつ取り出してはランダムに投げ、表か裏かが出たそのコインを残りの99枚に加える操作を考えます。この操作を丹念に繰り返すと、50枚が表になったあたりで、平衡状態になります。つまり表の数が増えも減りもしない状態になります。最初の状態のようにすべてが裏の状態やすべてが表になる状態となることは不可能ではないにしても、そうした状態になることはほぼ絶望的です。コインの数が増加すれば、その可能性はどんどんゼロに近づきます。

すなわち、**エントロピー増大の方向があたかも「時の矢」のように一方向にしか進まないように見えるのは、それに逆行することが起こる確率が極めて小さいからです。**従って、私たちが見ている、自発的な過程におけるエントロピーの増大が「時の矢」と同期しているのは、事実上間違いないと言えます。しかし、くどいようですが、自発的過程においてその過程が「絶対に逆行することはない」とは言い切れません。
著者が中学生だった1960年代の前半に、理科好きの生徒が熱中して読んだ本に『ガモフ全集』がありました。ジョージ・ガモフという物理学者が子供や一般社会人向けに、物理学の話題をやさしく書いたシリーズです。理科好きの少年たちの愛読書には、この『ガモフ全集』と『鉄腕アトム』は必ず入っていました。
その『ガモフ全集』の中に、トムキンス氏という、物理学に興味を持つ銀行員が、ちょうど『不思議の国のアリス』のアリスのように、物理学の不思議な世界を巡る旅物語がありました。その名も『不思議の国のトムキンス』と題した本の中に、非常に印象的な場面がありました。一緒に旅するのは、物理学者の老教授とその娘モードで、彼女とトムキンス氏は結婚します。
それはさておき、ある日、老教授が熱力学に関する難しい話をトムキンス氏とモードにしていた時のことです。トムキンス氏はわかったように聴いていましたが、ほとんど何のことかわからず、ハイボールをちびちび飲んでいました。ハイボールとはウイスキーやブランデーを炭酸水で割ったものに氷を浮かべた冷たい飲み物です。娘のモードも退屈で、つい椅子で居眠りをしてしまい、夢を見ます。
すると夢の中に、マクスウェルの悪魔を名乗る背の高い身なりのきちんとした男が現れます。緑色の眼をした不気味なこの男は「お父上に『エントロピー増大の法則』が破られることがあることを是非お見せしたいのです」と言います。はっと気がつき、モードが椅子の上で眼を覚ましたその時に、「聖なるエントロピー！」と老教授が叫ぶ声を聞きます。なんと、トムキンス氏が持っているグラスの中のハイボールの一部が急に湯気を立てて沸騰し出したのです。氷が入った残りは冷たいままです。勿論、これはマクスウェルの悪魔の悪戯です。これを見ても、さすが物理学の教授です。震える声で、「これはエントロピー法則の統計的な揺らぎである」と叫びます。「信じ難い偶然によって、おそらく地球始まって以来初めて起こったことだろう！」と続けます。さらに「速度の大きい分子が水面の一部に偶然にも集合し、そして水自身で沸騰しはじめたのだ！」と叫びます。「この極めて稀な現象を見る機会が与えられた人類は、今後の数十億年にわたっても、多分私たちだけだろう！」

ガモフはエントロピー増大の法則に反することが「時の矢」に抗して起こるにしても、それは極めて極めて稀なことだろうということを、わかりやすく示したのでした。

これを読んだ後しばらくの間、私たち理科少年が、氷を浮かべたサイダーの一部を氷が溶けるまでじっと見つめていたことを付け加えておきます。

エントロピー増大で世界は破滅に向かう

1970年代の半ば頃から、「地球上の気候変動に関する科学的研究」への関心が高まってきました。その結果、多くの研究が、地球は温暖化傾向にあり、その規模は極めて大きく、もしかすると100年もしないうちに、重大な影響を人類に与える結果になるかも知れないことを示しました。

こうした長期的な予測あるいは予言的な研究は、学界ではともかく社会ではあまり重要視されないのが通例です。もっともそれは無理もない話で、多くの人たちはせいぜい50年間を目安にして生きていますから、100年後と言われても実感は湧かないはずです。社会の継続性も念頭に入れて物事を考えるべきなのは政治家や指導者であるはずですが、現実には彼らのほとんどはさらに短いスパンでしか物事（例えば、次の選挙のこと）を考えていないので、真の意味での長期的な展望や地球規模の視野の広さは本来的に持ち合わせていません。従って、残念ながら社会としての対策は遅々として進まない訳です。

さて実際にはどうでしょうか？　気象庁から公開されている**図4-4**の資

料を見ると、年ごとの上下の変動はあるものの、気温は1890年から確実に右肩上がりになっていて、100年あたり0.73 ℃上昇しています。さらに資料の中でも指摘されているように、1990年代半ば以降の曲線はより立ち上がっています。今この原稿を書いている2022年8月には、連日のニュースで猛暑、大雨そして新型コロナ・ウイルス感染状況が報道されています。

地球上の温暖化傾向は主として何に基づく現象なのでしょうか？　その理由を考えるためには、地球が宇宙空間におかれている状態を理解する必要があります。地球は太陽系の惑星の一つで、宇宙空間にポツンと存在します。ポツンというのは、地球の大きさに対して地球と他の天体の距離が圧倒的に長いからです。一番近いところにある衛星の月までの距離でさえ、

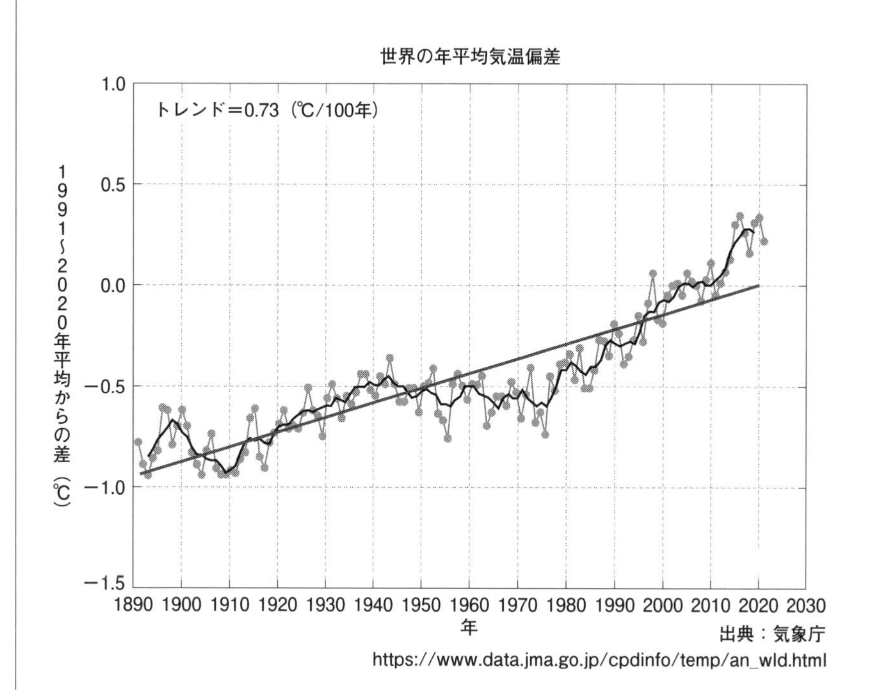

図 4-4　1890 年以降の、世界の平均気温偏差の推移

地球の直径の約３倍もあります。なおかつ、その間にはほとんど物質がなく、真空と言ってよい空間になっています。宇宙からのごく少量の物質は結構頻繁に地球に落下しますが、地球上の物質が毎年目に見えて増えるほどの量ではありません。

その意味で、地球には宇宙からの物質の供給はありません。また、地球上の物質は重力で抑えられていますので、地球の物質がどんどん宇宙空間に拡散することもありません。一方、エネルギーについては、太陽から連続的に膨大な量が供給されています。このエネルギーは熱エネルギーではなく光のエネルギーとして供給されています。宇宙空間はほぼ真空ですので、熱を伝えることはできません。宇宙における地球のこのような環境は閉鎖系と呼ばれます。

太陽からのエネルギーは膨大です。しかも、太陽からのエネルギーのエントロピーはかなり低いのが特徴です。太陽の表面温度は約5760 K（5487 ℃）で、その光のエネルギーが地球上に降り注ぎます。復習になりますが、エントロピーSと熱量Qおよび温度Tの間の関係は、$S=Q/T$（式(3-8)）です。従って熱量Qから得られるエントロピーは、太陽光の温度5760 K（5487 ℃）および大気の表面温度250 K（−23 ℃）において、それぞれ$Q/5760$および$Q/250$です。つまり太陽光のエントロピーは地球表面の1/23ということになります。

太陽光のエントロピーが低いということは、どういう意味を持つのでしょうか？　ギブス自由エネルギーの式を思い出して下さい。Aという状態からBという状態への変化にともなうエントロピー変化$\Delta S=S_B-S_A$ですから、S_Aが小さいほど、ΔSは大きくなり、AからBへの変化は起こりやすくなります。つまり原料Aのエントロピーが低いほど、変化は起こりやすくなります。別の言い方をすると、変化を起こせるという意味で、エントロピーの低い原料ほど、良質の原料ということになります。この観点からいえば、太陽光は地球表面より、23倍も良質の（低い）エントロピーを持っていることになります。

じつは、**この低エントロピーの良質のエネルギーが使えるので、私たちを含む地球上の生物は生きていけます**。地球に降り注ぐそのエネルギーの量はおおよそ1.7×10^{14} kWと見積もられています。途方もなく膨大な量です。一方、地球上で使われるエネルギーはその10,000分の1程度であろうと推定されています。**人類はまだ太陽光からのエネルギーのごく一部しか使っていない**とも言えます。

しかし、問題はエントロピーです。**図4-5**のように、**太陽からの低エントロピーのエネルギーを吸収し、地球上の活動を行うと、地球上のエントロピーはどんどん高くなります**。すでに述べたように、自発的な過程ではエントロピーは増大の一途をたどります。このエントロピーは主に熱エントロピーですから、単純に考えると、地球上の温度はどんどん上昇していくことになります。まさに温暖化が起こるはずです。多くの人々が現在危惧していることです。

地球は宇宙空間にありますから、余計なエントロピーは宇宙空間に捨て

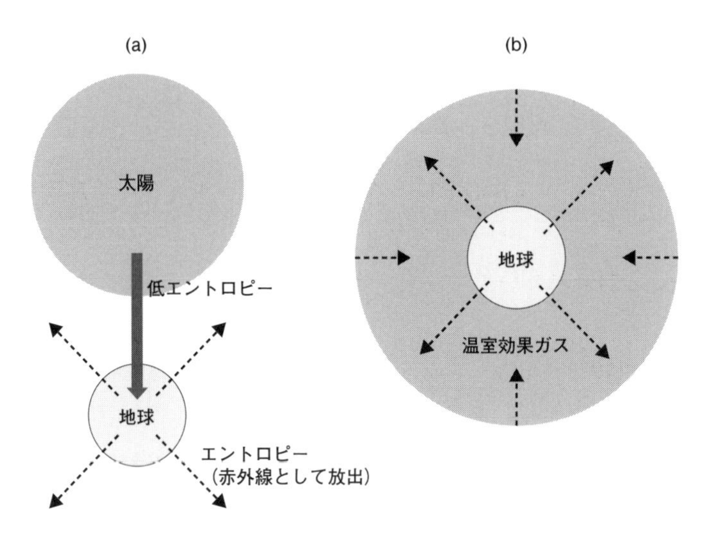

図 4-5　地球上で発生する高いエントロピーの問題
(a) 太陽からは低いエントロピーが来るが、地球上の活動でエントロピーが増大する
(b) 地球上で発生するエントロピーは温室効果ガスにより地球上に閉じ込められてしまう

ればよい（図4-5 **(a)**）のですが、これはあくまで自然任せで起こる現象ですので、能動的にその量を増やすという訳にはいきません。最近ゴミの処理問題は非常に難しくなってきていますが、**地球規模のエントロピー排出問題はさらに大きなゴミ処理問題**です。一体地球は自然な状態でどの程度のエントロピーを宇宙空間に捨てる能力を持っているのでしょうか？

熱エネルギーQ、温度TそしてエントロピーSの間に成り立つ関係$Q = TS$を使って簡単に見積もってみます。

太陽からの総エネルギーを1.7×10^{14} kWで見積もると、大気表面（温度は約250 K〈−23 ℃〉）でのエントロピーS_{250K}と太陽表面でのエントロピーS_{5760K}は次のようになります。

$$1.7\times10^{14} = 250 \times S_{250K}$$
$$1.7\times10^{14} = 5{,}760 \times S_{5760K}$$

従って、その差は、

$$\Delta S = \frac{S_{250K}}{250} - \frac{S_{5760K}}{5{,}760} = 6.5\times10^{11}\ \text{kJ/(K・s)}$$

となります。これが現在の地球が排出できるエントロピーの最大量です。これに対して、現在人類が地表で生成しているエントロピーは約1×10^{8} kJ/(K・s) と言われていますので、その量はおおよそ0.02 %ということになります。

この数字だけを見ると、まだまだエントロピー排出能力には余裕があるので、楽観的に見れば、あまりその点は心配しなくてもよいだろうということになります。しかし、実際には図4-4のグラフをみれば明らかなように、地球温暖化は確実に進んでいますし、最近になりそれが原因と思われる異常気象の発生頻度、件数、および規模は確実にしかも急激に増大しています。

最大値のわずか0.02%でさえも、人類を含む生物にとっては極めて大きな影響を与えるものであると認識すべきでしょう。

その大きな原因と考えられているのが温室効果ガスの増加です。じつは**地球はエントロピーを赤外線の形で、宇宙空間に排出します。**熱エントロピーとしての排出です。宇宙空間は廃エントロピーのいわばゴミ捨て場です。ところが、**図4-5（b）**に示すように、温室効果ガスはこの赤外線を反射・吸収し、宇宙空間への排出を阻止してしまいます。その結果、熱エントロピーは地上に溜まり、地球の温度を上げ、地球温暖化が進むという訳です。

つまり**温室効果ガスがエントロピー排出を阻害するので、地球のエントロピーが増大し、地球の温暖化が引き起こされる**のです。21世紀に入り、人類の活動が前世紀にも増してより活発化している中で、エントロピーの増加は着実にしかも急激に進んでいると考えられます。**地球温暖化を阻止するには、温室効果ガスの大気中濃度を減らすことがとても重要ですが、結局の所、排出する総エントロピー量を減らすことが最も重要であることは言うまでもありません。**

生命活動とエントロピー

人間の1細胞内には約10^{25}個ほどの分子があると見積もられています。細胞内の分子の99%は水分子ですが、それを除いても10^{23}個ほどの分子が細胞内で働いています。体重70 kgの人であれば、体内に約3.72×10^{13}個の細胞があると言われていますので、一人の人の体内には、なんと3.72×10^{36}個もの分子があることになります。しかも、これらの細胞や分子はただ漫然と集合しているのではなく、整然と構造体を作ったり、統制の取れた働きをしています。すなわち極めて秩序だった行動を取っています。秩序だった行動を取らないと、生きていけません。**細胞や分子の挙動の秩**

序が乱れることは病気になることを意味し、完全に無秩序になることは死ぬことを意味します。

図4-6（a）に示すDNA分子は私たちの生命活動を制御する重要な情報を保管します。DNA分子に書かれている情報はアデニン（A）、グアニン（G）、シトシン（C）およびチミン（T）という分子文字で書かれており、この情報が正確に伝わらないと生命活動に重大な支障が生じます。**（b）**のようなたった一文字の写し違いでも、生命活動に支障をきたすことがあり

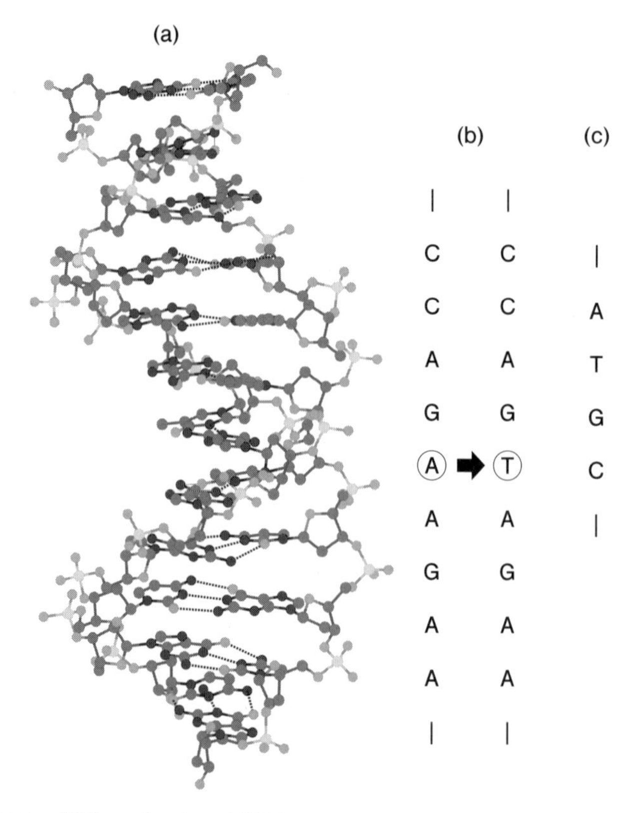

図 4-6　DNA の情報もエントロピーで支配されている
(a) DNA の立体構造
(b) 1文字の間違いが生命活動に大きな影響を与える
(c) たった4文字を正しく配列させるためにもエントロピーを下げる必要がある

ます。

非常に単純な (c) の情報の場合、４文字の組み合わせのうち、唯一の組み合わせが正しいとするなら、すべての可能な並べ方は 4! つまり24通りありますから、正しい並び方を選ぶためには、エントロピーを、$\Delta S = k_B$（ln1－ln24）＝ －3.18k_Bだけ減少させないといけません。人間のDNA中に書かれている分子文字の数は約30億と言われていますので、これを正確に並べるには非常に大きなエントロピー減少を行わないといけないことがわかると思います。

これを極めて効率的かつ正確に行っているのが、生命の仕組みです。

体内にはDNAだけでなく、タンパク質など、生命活動に必須のさまざまな分子があります。それらをすべて正常な状態に保ち、正常に働かせるためには、それに必要なエントロピー減少を可能にする仕組みが体内になければなりません。

人間も含めた動物は外界から食物を取り入れて、それらからエネルギーを吸収して、生きます。そのエネルギーは私たちの身体を整然と保つ上で必要なエントロピー減少のために使われます。一方、生命活動そのものは一連の化学反応の連鎖であり、それらの化学反応を整然と行うために必要なエネルギーも食物から得ます。エネルギーは食物を分解することで取り出されます。そうした反応の中でも重要な反応が次に示すグルコース（$C_6H_{12}O_6$）の酸化です。

$$C_6H_{12}O_6\ (s) + 6O_2\ (g) \rightarrow\ 6CO_2\ (g) + 6H_2O\ (l)$$

s、*l* および *g* はそれぞれ固体、液体そして気体の状態を意味します。１分子のグルコースを６分子の酸素を使って、６分子の二酸化炭素と６分子の水に分解します。室温298 K(25 ℃) における、この反応のギブス自由エネルギー変化は、

$$\Delta G = \Delta H - T\Delta S = -2{,}878\ \mathrm{kJ/mol}$$

で、非常に大きな自由エネルギーを獲得できます。この大きな自由エネルギーを使って生体内での他の化学反応を駆動し、生命活動につなげます。ここでその内訳を見ると、ΔHは−2,801 kJ/molであり、ΔSは259.0 kJ/molです。すなわち、この反応が進むと生体内ではエントロピーが増大することを示します。生体内では、その機能を維持するために、エントロピーを低くしなくてはいけない一方、生命活動を行うと必然的にエントロピーが増加していくことになります。

増加したエントロピーが低エントロピー状態を凌駕すると、生体の構造や機能はバラバラになり、活動が止まってしまいます。すなわち死を迎えます。

それでは生物はどのように体内に低エントロピー状態を作っているのでしょうか？　前項で述べた太陽からの低エントロピーを利用しているのです。食物連鎖を植物から始めると、植物はまず太陽からの低エントロピーのエネルギーすなわち光を用いて光合成を行います。光合成では、低エントロピー分子を作るために太陽光を用います。光合成反応は次のように表されます。さっきの反応とまったく逆向きです。

$$6CO_2 + 6H_2O + (太陽光) \rightarrow C_6H_{12}O_6 + 6O_2$$

二酸化炭素と水から、太陽光を用いて、グルコース分子と酸素分子を作ります。グルコースに太陽光の低エントロピーが移されます（貯えられます）。人間を含む動物はこの植物を食べ、そのグルコースを分解することで、低エントロピーとエネルギーを得ることになります。つまり、**低いエントロピーの食料をとることで、低いエントロピー状態を作り、生命活動を維持します。**低いエントロピーとは、この場合負の符号を持つエントロピーですが、物理学者アーウィン・シュレディンガーは有名な著書『生命とは何か』で、負のエントロピーのことをネゲントロピーと言い換えて、「生物はネゲントロピーを食べて生きる」と表現しました。

さて、生物は生命活動を行うのに必要な負のエントロピーを外部から得ますが、一方で生命活動に伴い生産される正のエントロピーがどんどん体内に蓄積していきます。そこで、生物は体内に溜まった正のエントロピーを体外に排出する必要があります。**排エントロピーは呼吸で作られる二酸化炭素と熱エントロピーの形で排出されます。**地球と同じで、生物も正のエントロピーを適切に体外に排出しないと危機的な状態に陥ってしまいます。

原因はさまざまですが、**多くの病気の病態の進行は、エントロピーの増大と同期します。**ガンは細胞の脱分化と密接に関係していることがわかっています。分化とは細胞が特定の方向に特殊化することを意味します。生体内で各細胞が自分の役割をきちんと果たすためには、その特殊化した状態を適切に保つ必要があります。そのためにはエントロピーを低い状態にしなければいけません。

一方、多機能幹細胞のようにいろいろな細胞への分化の可能性を持った細胞は自由度が大きい必要があり、そのエントロピーは高くなります。しかし、自由度があるということは無秩序になり得ることも意味し、制御の利かない脱分化した細胞はガン細胞になることがあります。というより、ガン化とは脱分化と言えます。未分化ないし脱分化した状態とは、自由度は高いが、必ずしも制御しやすい状態とは言えず、志を失うと皆を巻き添えにして組織全体を崩壊させる可能性を秘めています。一方、分化した状態にあると、特定の規律に従って特定の機能を発揮することができます。大きな組織の一員として職責を果たせるという意味で非常に有用な状態です。

単純な生物から徐々に複雑な生物に進化していくことを主張するのが生物の進化論です。進化論は熱力学第２法則に反していると思われることがあります。変な言い方ですが、じつは進化論と熱力学第２法則は、科学法則のランク付けがあるとすると、格違いです。進化論はあくまで仮説の領域にあり、その実験的検証は困難です。一方、アインシュタインの威を借りれば、夥しい数の実験によって検証されている熱力学第２法則は、科学法則の中で最も高い位置に格付けされています。

未分化細胞と分化した細胞の話から察しがつくと思いますが、より進化した生物では、細胞はより複雑に組織化された構造を形成し、より高度な活動を行えますので、エントロピーはより低く制御されなければなりません。低いエントロピー状態を保つために、効率的に低エントロピーを取り込む必要があります。さらに、より高い自由度を獲得するためには、より効率的かつ広範に活動できる組織や体制が必要で、それを構築・維持するためにもより多くの低エントロピーの供給が不可欠です。しかし、低エントロピー状態を明確に保ちながら、自由度の高い活動を行うためには、組織や体制内で生産される多量の高エントロピーを適切に排出することが必須になります。つまり、環境中のエントロピーは高等動物が増加するに従い、一方的に増加していくことになります。

話がそれました。以上のように、進化の方向は収支計算すれば、エントロピーが増大する方向に進んでいくことになり、熱力学第２法則とはまったく矛盾しません。**進化とは、十分大きな開放系が与えられ、十分なエネルギー（低エントロピーの）と適切に高エントロピーを排出できる環境が与えられた時に可能になる過程と言えます**。少なくとも地球上にはそのような環境があったことで、人類までの進化が起こったと言えます。進化が具体的にどのような過程を経て起こってきたかについては、わかっていないことがまだたくさんあります。条件さえ与えられれば、進化という現象は起こり得ることを熱力学第２法則は保証しています。

なぜ自由と平等は両立しないのか

自由という言葉は響きが良いので多くの人々に好まれます。同時に平等という言葉にも多くの人々は動かされるようです。自由、平等そして博愛はフランス国家の「標語」にもなっています。標語とは、「主張・信条や行動の目標」を簡潔に表した語句です。多くの国で、国の標語を定めていますが、日本やイタリアのように標語を持たない国もあります。アメリカ合衆国の標語は「我ら神を信ず」であり、イギリスの標語は「神と私の権利」です。他の国においても、信条というより信仰の対象が標語になっている場合が少なくありません。少し意地悪な言い方をすれば、それらの標語を掲げる国では、標語の内容を是とし、それに反するものは否とする、ということになります。標語の内容や違いを比較することは、それらの国を知る上で興味深いのですが、ここでは立ち入らないことにします。

しかし、私たち自身のことを考えた時、体を構成する37兆個もの細胞が、皆異なる標語を掲げて動いてしまうと、まさにカオス（無秩序）状態になってしまいますので、そこには明文化されていないにせよ、明確な標語のようなものがあるはずです。DNAのどこかに、もしかすると「自由、平等、博愛」のような標語が書かれているのかもしれません。

熱力学第２法則は「エントロピーが増大」していく方向に物事は進むことを示しており、これまでもそれは動かすことのできない真理であると述べてきました。しかし一方で、私たち生物、そして地球も活動（存続）を維持するためには、それらを低エントロピーの状態（持続的に活動できる組織を維持した状態）に保つことが必須であることも述べてきました。

先ほどの**国家の標語というものは、少なくともそれが標榜する点については、国家に属するすべての人々の意識を統一させ、社会を低エントロピーの状態にする手段と考えることもできます。**多くの民族が古くからの規範を持ち、それらの規範がその民族の行動を制約することで、民族としての独自性を保ってきた例は少なくありません。その中には単に為政者のためのものもありますが、その民族を守るという立場から何代にもわたり形成された規範も少なくありません。それらの一部は宗教になり、一部は法律になっていったと私は解釈しています。人類は長い時間をかけてこれらの規範を作り上げてきたと思われます。

しかし、17世紀末のヨーロッパにおいて、この規範を因襲や迷信として退け、既成の権威に反抗するいわゆる啓蒙思想がイギリスで起こり、これが先ほどのフランスの標語につながるフランス革命の思想的基盤になったことを歴史の教科書は教えてくれます。この啓蒙思想にも大きな影響を与えたのが、アイザック・ニュートンです。啓蒙思想が多くの人々の心を捉えた大きな理由の一つには、この思想が科学という合理的と思われる論理体系に基づいていたことがあります。

ニュートンが構築した物理学体系は素晴らしく、現代の科学がその体系の上に展開されたことは間違いありません。ニュートンの物理学において時間は双方向性（時間反転に対して対称）の量です。物理現象は一方向にしか進まないことを皆は経験から知っていましたが、ニュートンの物理学ではそのことを示すことはできませんでした。むしろ双方向が可能という考え方も啓蒙思想の一つの基盤になっていたと思えます。

熱力学第２法則がクラウジウスによって発表されたのは、ニュートンの時代の約150年後です。熱力学はある意味で抽象的な内容を持っているために、19世紀の人々の考え方には、ニュートンほどの影響を恐らく与えなかったものと思います。

さて話を戻します。18世紀初頭から急速に広まり、社会思想の中で定着した啓蒙思想は色濃くその影響を現在にも残しています。その一つが自由という考えであり、それと対になるように平等の考えがあります。唐突ですが、**図4-7**に厚生労働省が2019年に発表した日本の世帯当たりの所得金額のグラフを示します。横軸が所得金額で、縦軸がその所得帯にある世帯数の割合を示します。このグラフは左右対称でなく、低所得者側にピークがあり、そして高所得者側に向かって尾を引く形状をしています。

一方、例えばある高等学校の１学年の男子全員の身長分布を見ると、だいたいは**図4-8**のようなベル型分布（正規分布）を取ります。身長は各個人の遺伝的形質でほぼ決定されているようですが、身長に関わる遺伝子の数は多く、それに環境要因も加わるようです。１学年の男子全員が兄弟ではないので、遺伝的形質はさまざまです。また生活環境も決して同一ではありません。従って、身長を決定する上で、複数の独立な因子が働くことになります。そうした場合は、それらの影響は正規分布の形で現れます（中心極限定理）。つまり、**決定に加わる要因がランダムで多数ある場合には、その結果は正規分布になって現れるのが普通**です。

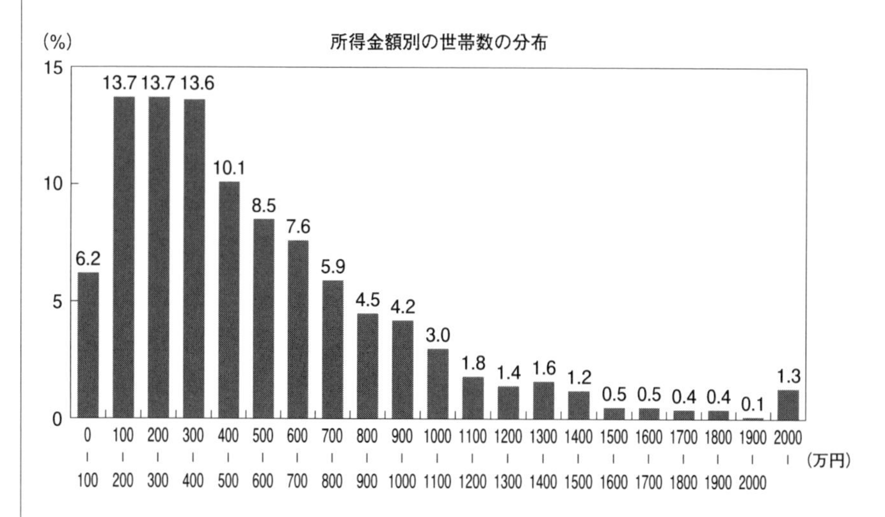

図 4-7 日本の世帯当たりの所得金額

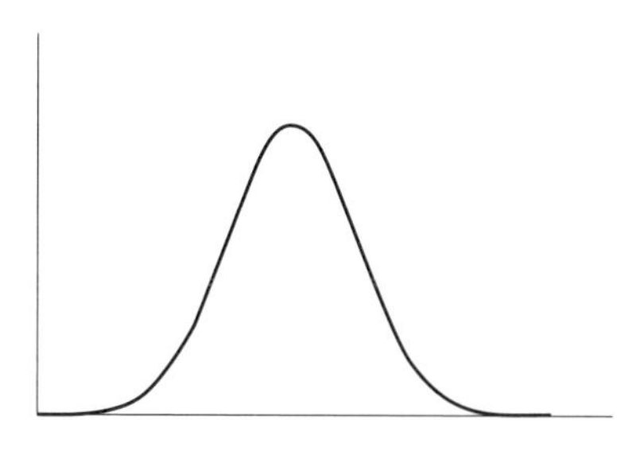

図 4-8 正規分布の形

これに対して、**所得の分布はすでに述べたボルツマン分布によく似ています。これは所得を決める要因が必ずしもランダムではないことを強く示唆します。**一世帯が取り得る所得は1円単位の飛び飛びの値で、上限はほとんどありませんが、下限は0円です。ある温度での気体分子の取り得るエネルギー分布は、最もエントロピーが増大するような分布であり、それがボルツマン分布でした。

ここでボルツマン分布の復習をしておきます。少しスケールの小さい話ですが、28単位のエネルギーを14人に配ることを考えます。14人すべてに等しく2単位ずつ配る場合の数Wは**図4-9** (a) のように一つです。次に、1人当たり最大4単位まで配ることができる場合を考えてみます。(b) のような分配の仕方もありますが、(c) のような分配の仕方をするとさらに状態数が大きくなるので、より高い確率でこのような分配をとることになります。

このようにして、配るエネルギー単位に上限を設けないで取り得る状態

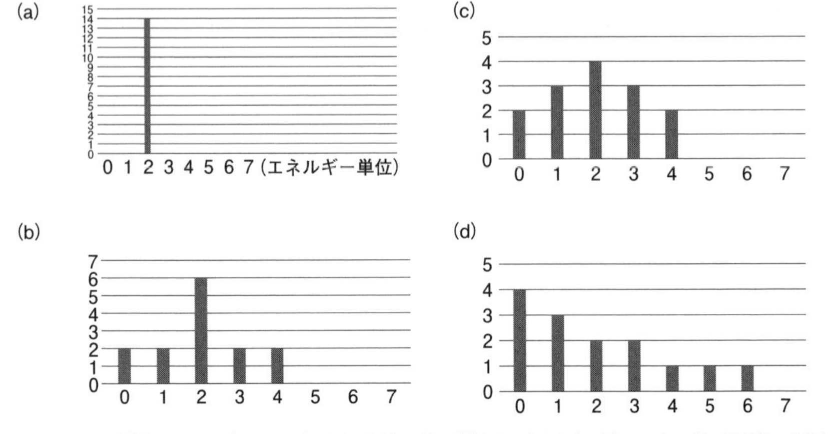

図 4-9 28 単位のエネルギーを 14 人に配る場合の数。横軸は1人当たりに配るエネルギー単位数、縦軸は人数
(a) すべての人に均等に2単位ずつ配る方法
(b) 1人当たりのエネルギー配分を最大4単位とした場合の配り方の例
(c)(b) と同じ条件で、より場合の数が大きくなる配り方
(d) 場合の数が最大になる分配の仕方

数を考え、その中で場合の数Wの値が最も大きくなる、すなわちエントロピーが最大になる分配の仕方を求めると、(d)のようになります。つまり、合計エネルギー単位が28であるという制限で、エネルギーを14人に配分する場合、その分配の仕方が最も多い、すなわち最も確率の高い分配の仕方は図4-9（d）になるということです。

別の言い方をすると、総エネルギー28を14人に配り、相互にやり取りを自由にさせると、最終的に図4-9（d）のような分配に落ち着く（平衡状態に達する）ということです。仮に14人に平等にエネルギーを最初配っても、自由なやり取りを許すと、最終的には、まったくエネルギーを失ってしまい、極貧になる人が４人も出てくる一方、６単位ものエネルギーを持つ人が1人出てくる状態になります。図4-9（d）の形はややいびつですが、エネルギーの量がそして人の数が多くなると、第３章で述べたボルツマン分布の形にどんどん近づきます。129ページの図4-7に示すように、日本国内の世帯数くらいの数であっても明確なボルツマン分布を取ります。

図4-7の所得を決める要因も多様で複雑ですから、それらがランダムに効いているとすると、その分布は先の正規分布（図4-8）になるはずです。しかし実際にはボルツマン分布にかなり近くなります。これは所得というものが人々の相互作用の影響（例えば貸し借り）を色濃く受けていることを示します。自由に経済活動を行う中で、お金の流れに法則性が出てくるのです。少なくとも資本主義社会においては、富が富を生む構造があります。

もっとも、『新約聖書』の中の「マタイによる福音書」にはすでに「おおよそ、持っている人は与えられて、いよいよ豊かになるが、持っていない人は、持っているものまでも取り上げられるであろう」（25:29）という記述があります。マタイだけでなく、マルコやルカの福音書の中にも同様の記述があります。これはまさに図4-9（a）から図4-9（d）への過程を言っていることに等しく、すでに聖書が作られた時代にエントロピー増大の法則を多くの人々が身をもって体験し、その重要性を感じて処世訓の一つとしていたことが推測されます。

自由と平等は決して両立するものではないことを熱力学第２法則は教えてくれます。しかし残念ながら、どのように妥協すれば最適かについては熱力学第２法則は教えてくれません。

余談ですが、私たち科学者の間でよく知られていることに「マタイ効果」があります。「金持ちの研究者は、よりよい研究環境に恵まれるので良い研究ができ、論文も書けるので、さらに研究費が回ってくる。そしてそれに基づきまた良い研究を行うことができ、また研究費がたくさん回ってくるのでさらに金持ちになる」という循環のことです。いわゆる名声や地位についてもそうです。

「マタイ効果」は現実に紛れもなく存在します。しかし、研究室が豊かになれば、たくさんの素晴らしい研究ができるかというと、必ずしもそうではありません。大掛かりな装置や高速のコンピュータ、たくさんの人手そして大量の資源が必要な研究も確かにあり、それを実行するにはたくさんの研究費が前提です。一方、これらがなくても価値の高い研究を立派に行うこともできます。残念ながら、政府はもとよりマスコミそして学者の集合である学術団体でさえ、前者のような大掛かりな研究そして派手な演出を加えた研究結果を珍重する傾向にますます陥っています。それがさらに、社会への露出度が科学的成果の価値を決めるという、もう一つの「マタイ効果」を助長していることにもつながっています。「マタイ効果」も「エントロピー増大の法則」の副産物と言えます。

さて、多数の分子のような粒子同士が自由に相互作用すると、粒子のもつエネルギーはボルツマン分布に従うことを述べました。それでは、自由度を増加させるとどうなるでしょうか？

自由度を増加させる最も単純な方法はエネルギーを与えることです。再び図4-9と同じ状況を考えます。人数は14人ですが、平均のエネルギーを段階的に0から3に上げる場合の最も確率の高い分布の変化を**図4-10**に示します。いうまでもなく、すべて各平均エネルギーの時に、エントロピーが最大になる状態です。当たり前ですが、平均エネルギーが0の時は、14人の間の格差はなく、皆平等に0で貧乏です（もしマイナスという資産があり、それを含めれば、話は別になりますが）。

しかし、自由になるエネルギーが増加するにつれて状況は変わります。自由になるエネルギーが増加することは、気体分子では運動エネルギーが増加することで、温度が上昇することに相当します。(a)→(d)と温度が上昇します。私たちの世界でも、活動が活性化することを、熱を帯びると表現します。図からわかるように、自由になるエネルギーが大きくなればなるほど、平均より多くのエネルギーを持つ人が増えることになります。すなわち格差が大きくなります。

これは、経済活動を活発にすれば、それに伴い格差ができることを意味します。最近では規制緩和があたかも古い世界からの脱却であるかのように良いこととして行われていますが、自由競争を加速させる規制緩和が格差拡大を助長し、世の中に無秩序状態を作ることにつながることは、ボルツマン分布そしてその根底にある「エントロピー増大の法則」から考えれば、自明のことです。

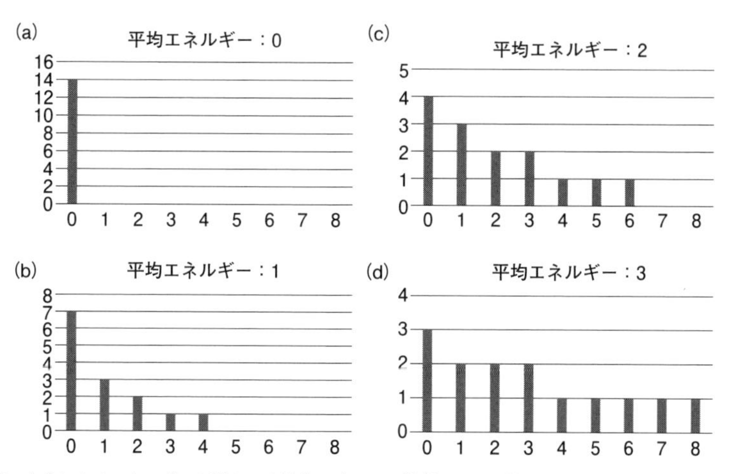

図4-10 自由になるエネルギーが増えると格差が広がる。横軸は1人が持つエネルギー量、縦軸はそのエネルギー量を持つ人数

先人たちは身をもって「エントロピー増大の法則」がもたらす影響を感じ、そしてそれを律する方法を考えて来ました。古くからの規範や因襲を無知で低開発状態にあった人々の所産だと決めつけて、それらを無原則的に破棄しようという風潮はさらに強まっていますが、これは人々が賢くなっていることを示すものではなく、むしろ単に社会のエントロピーが増大していることの証左であるとも解釈できます。

話を戻しましょう。**ボルツマン分布から考えれば、皆が平等である社会は、社会活動が低い状態でのみ実現可能で、社会活動が高くなると、必然的に平等は失われることが明らか**です。**自由と平等の両立は本質的に極めて難しい**ということです。そして、これまでの話からもわかるように、自由が拡大され社会活動が活発化するほど、社会内部のエントロピーは増大して、排出しきれないエントロピーが社会内部に蓄積していきます。この話をすると、30年ぐらい生きてきた人ならたいてい「世の中はたいていそうなのではないか」と感じるはずです。重要なことは、**その感覚を引き起こしている原因は、単なる感情的なものではなく、非常に真理に近い物理学の法則である**ということです。

図4-11に低温および高温状態における気体分子の速さのボルツマン分布を示します。分子の速さの２乗は分子のエネルギーに比例しますので、横軸はエネルギーに対応します。物事のＡからＢへの変化は自由エネルギー

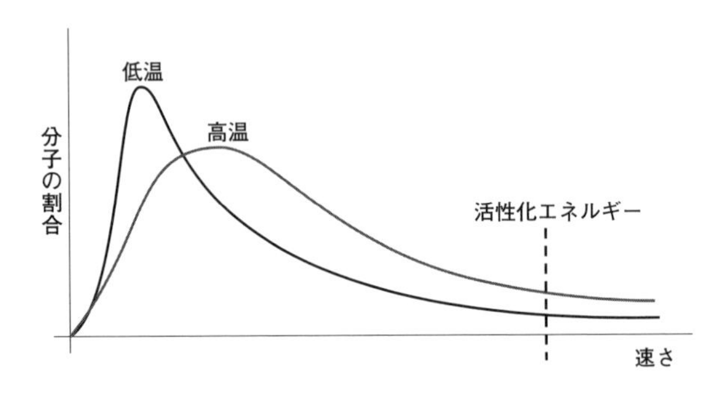

図 4-11　温度によって形が変化するボルツマン分布

が減少する方向に進むことを第３章で述べました。しかし、原則的に進めても、その途中に活性化エネルギーという難所のあることもお話ししました。この山を越さなければ、ＡからＢへは変化できません。もし、この山を力ずくで越すのなら、この活性化エネルギーを超えるエネルギーがＡに与えられないといけません。

図4-11で、この活性化エネルギーのレベルを仮に点線で示すことにします。すると、この点線以上のエネルギーを持たない限り、ＡはＢに変化できません。この点線以上のエネルギーを持つ分子が多くなればなるほどＡからＢへの変化は起こりやすくなります。化学反応を行う際に熱を加える理由の一つがここにあります。

私たちの世界でも原則的には可能なことでも、それを成し遂げる途中に難所のあることが少なくありません。その難所を越えるエネルギーを持っている人の数は少ないのが普通です。そうした能力を持った一部の人々によって社会は進歩している（動いている）ことは否めない事実です。そういう人々は単に偶発的に出現するのではなく、その時の社会環境に大きく影響されるであろうことも、図4-11は示唆します。

エントロピーが増大し続ける現代社会

1854年にヘルマン・フォン・ヘルムホルツという物理学者が「熱的死」の考えを提唱しました。その考えとは次のようなものです。一つの孤立系である宇宙を考えると、熱力学第２法則に従えば、時間と共に宇宙のエントロピーは増大していきます。そして無限の時間が経つと、自由エネルギーがなくなってしまうので、エントロピーは最大になり、その宇宙空間全体が均質な低温状態になってしまい、いっさいの活動が止まってしまう、すなわち死に至る、という考えです。

この考え方は世界終焉の一つの像を与えることから19世紀末以来多く

の思想に影響を与えてきました。熱力学第２法則は正しく、いずれそうなることを否定する理由は見当たりません。しかし、起こるにしても、宇宙の「熱的死」は無限に近い、はるかかなたのことですので、すぐに私たちが拘泥することではないかもしれません。一方、私たちの社会そして個人まで時間のスケールを縮めてこの極限状況を考えてみると、ヘルムホルツが示唆していることの意味はがぜん現実味を帯びてきます。

実際、私たちが今生きているこの時代、エントロピー増大による影響は目立ち始めており、このままその増大が続けば、遠からぬ未来に「熱的死」を早めに迎えることにもなるかもしれません。それは生活習慣病を放置して、気づかないうちに、寿命を必要以上に短くすることに似ています。この項では、すでに出始めている、エントロピー増大によると思われる現象のいくつかについて述べてみたいと思います。

まずは、地球環境の問題についてもう一度触れたいと思います。閉鎖系である地球上でのさまざまな活動には、太陽からの低エントロピーのエネルギーが利用されます。そして活動の結果生じる高エントロピーを宇宙空間に排出します。しかし、ここ100年間の地球上の気温上昇は、このエントロピー排出が効率的に行われていないことを示しています。

その理由の一つが温室効果ガスによるエントロピー排出の妨害です。すでに述べたように、地球の潜在的なエントロピー排出能力は決して低くなく、かなりの活動を長い時間にわたって維持できるはずです。しかし、爆発的な人口の増加、１人当たりのエネルギー消費量の急速上昇、そして温室効果ガスの排出量のかつてない増加が、そのバランスをこの100年足らずの間に少しずつ狂わせてきました。近年の地球環境の劇的とも言える変化の主要原因の一つが、エントロピー排出能力の低下を含んだ地球上のエントロピー増加であることは間違いありません。

地球全体のエントロピーが増大しているので、そこで暮らす人類の社会のエントロピーが増加しても不思議ではありません。航空機等の交通機関の発達や運賃の低下に伴い、人間の空間的移動も急速に増加しており、それに伴うエントロピーも増大しています。また複数の民族がかなり距離をおいて分散していた時代と比較して、現在ではそうした距離は大幅に短くなり、文化的にも均質化が急速に進んでいます。英語の世界的な広がりにより、世界のあらゆる国に英語の言葉や概念が浸透しています。このような文化的均質化は取りも直さず、文化的にもエントロピーが急速に増大していることを示します。

文化の質はいろいろな指標で測れると思いますが、その一つは言語であり、中でも語彙はその重要な要素です。人々が使う語彙数が近年減少傾向にあることが、少なくともアメリカやイギリスでは報告されています。アメリカでは、あらゆる教育レベルの層において語彙が減少しているようです。カタカナの新語の追加はありますが、日本の新聞に使われる語彙も50年前に比較するとかなり少なくなっています。

語彙が減る原因はいろいろあると思います。その一つが、特定の単語に広い意味を持たせることによる同義語および類語の消失です。例えば、微妙に異なる色相の「赤」を表現するために、異なるニュアンスの「赤」に対する複数の言葉が生まれてきました。文化の深化や発展には語彙の拡大が必須です。もし、いつでも「赤」を使うと、いつしか「朱」と「紅」の違いさえもわからなくなります。

また英語の省略語の場合には全く意味の違う言葉が同じ省略語で表されます。例えばATであれば、辞書を引くまでもなく、数個の省略前の単語が思い浮かびます。手近にある辞書を調べると20個近い言葉の省略形としてATが使われているようです。

50年程前であれば、むしろ禁句的なニュアンスのあった日本語に「ヤバい」があります。現在では、この言葉は良い意味で使われる場合すらあります。また、単なる間投詞としても使われるようです。このように定義の曖昧な言葉が頻繁かつ広範に使われるようになると共に、文化の発展と共に醸成されてきた微妙なニュアンスを持つたくさんの言葉が失われていきます。これもまた、文化の衰退と同期したエントロピー増大を意味するものと思います。

どの国語においても、教育程度の高さと語彙数はほぼ比例するようです。一方、教育程度と文化の高さは必ずしも比例しないようです。しかし、少なくとも語彙におけるエントロピー増大は、文化の劣化と相関すると考えてよいと思われます。

世界的な均質化、いわゆるグローバリゼーションに伴い、言語文化のエントロピーは確実に増大方向にあると思えます。言語は私たちの精神活動と密接に関係しているので、精神活動におけるエントロピーもそれに伴い増大している可能性は高いはずです。さらに、こうした精神活動におけるエントロピー増大が、人類の経済活動に伴うエントロピー増大と相関していても不思議ではありません。

スマートフォンやコンピュータなどのデジタル情報処理が可能な機器とインターネットの普及は、個人が膨大な情報に接する機会を容易にしています。ウェブ上には想像もできないほど大量の情報が散在しますが、その大半は使えない情報です。第２章で述べた例で言えば、膨大な数の箱の中から宝探しをするようなものです。さらにあちこちの箱には宝に似せた地雷が仕掛けられているので、その真偽を十分に判断する必要もあります。

つまり検索できる情報量が多くなるほど、エントロピーすなわち情報の曖昧さは増大していきます。場合によっては、非常に多くの適切な二分質問をしなければ、正しい（目的とする）情報に辿り着けません。目的とする情報を選択するために、別の情報を使う必要も出てきます。そして、これらはすべて、情報を求める人の能力に大きく依存します。現在のウェブ上にある情報量でも、すでに通常の人の処理能力をはるかに超えています。そして、日々それらの情報量はより膨大に、かつより複雑になっています。

図書館の本は、私たちが図書館に行かない限り普通は読めませんが、インターネットやメディアに流れる情報は、少し過激な表現をすれば、私たちを襲ってきます。好むと好まざるとにかかわらず、情報の津波は一方的に押し寄せてきて、私たちを飲み込みます。それらの情報は、私たちの内部の情報空間にも影響を与え、さらには私たちの心理状態を攪乱しさえします。すなわち、私たち内部の情報エントロピーの量が増加します。それは私たちの多くに不安感を与えます。選択肢の多さは幸福感よりむしろ不安感を増大する場合が少なくありません。

この原稿を書いている2022年８月現在の世界の秩序は残念ながら十分とは言えません。ロシアがウクライナに侵攻していることを筆頭に、地球上のあちこちで秩序が保たれていない状況が散見されます。民主主義を標榜している多くの国々で民主主義の根幹に問題が生じています。はるか2,400年ほど前のアテネの衆愚政治が今、再演されている気もします。

これらは民主主義のエントロピーが増大しているからと解釈できます。民主主義の前提は良識を持った大多数の民衆のはずです。しかし、そのエントロピーが極めて大きくなってしまったことが現状の問題を引き起こしている大きな理由の一つと思われます。

その良識とは、規範とする「基本的価値観」です。それが希薄ないし失われた中での原則的な自由拡大・規制緩和であるなら、それはまさに固体が液体を経て気体になるようなものです。気体がいったん拡散して分子間相互作用が減少すれば、それらが自発的に集合して液体そして固体になることはほぼ絶望的に難しいことを、私たちは熱力学第２法則から学ぶことができます。

こうしてみると、21世紀の今、地球はあらゆる面でエントロピー増大の影響を受け、物質的にも、社会体制的にも、そして人間の精神的にも、危機的な状況に近づいていると思えます。まさにエントロピー危機に近づいています。

私たちはエントロピー危機を乗り切ることができるのか

エントロピーは自然に増大してしまいます。エントロピーを減少させることは本当にできないのでしょうか？

図4-12のように、仕切られた箱の中に運動エネルギー（速さ）の異なる気体分子が入っているとします。仕切りのところに、ちょうど1分子だけが通れる小さい窓を開けます。この窓はとても小さいので、その開閉にはエネルギーは不要だとします。

最初、仕切りの両側には速い分子（黒色）と遅い分子（白）が同数入っているとします(a)。左右の部屋の温度は同じでT_1です。小窓の傍で分子の速さを判断して、左の部屋から来た分子が速い分子であれば、窓を開けて右側の部屋にその分子を通します(b)。また、右の部屋から来た分子が遅い分子であれば、小窓を開けて左側の部屋に通します(c)。この作業をする小窓があれば、しばらくすると右側の部屋には速い分子だけが、左側の部屋には遅い分子だけが存在するようになるはずです(d)。右側の部屋には運動エネルギーが高い分子だけが存在し、左側の部屋には運動エネル

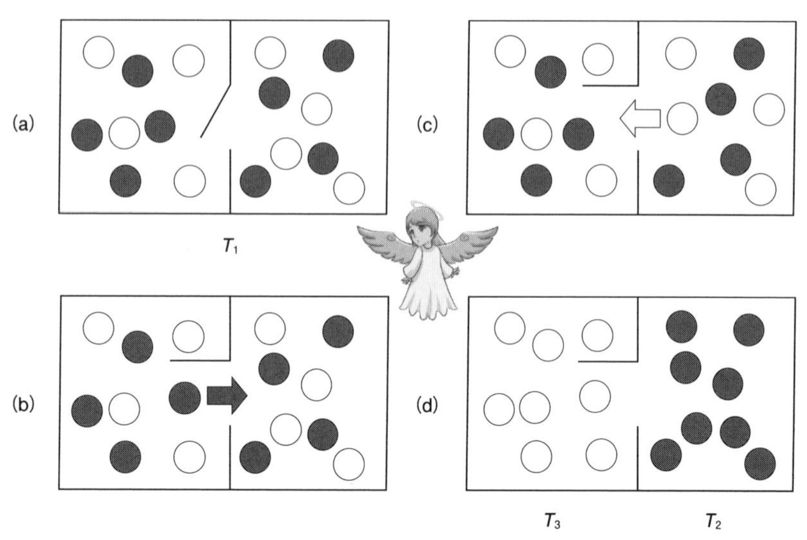

図 4-12　マクスウェルの悪魔（天使）が速い分子と遅い分子を選り分けると、左右の部屋の温度に差ができる

ギーが低い分子だけが存在するようになりますから、最初の状態より右側の部屋は暖かくなり、左側の部屋は涼しくなるはずです。つまり$T_2 > T_1 > T_3$になるはずです。もし、このような小窓を使って、速い分子と遅い分子を選り分けることができれば、温度差がなかった二つの部屋を高温と低温の部屋に分けることができてしまいます。つまり、左の部屋の温度は低下し、エントロピーが減少します。

物理学者のジェームズ・マクスウェルは物理学者ピーター・テイトに宛てた手紙の中で、エントロピーを減少させるためのこのような思考実験についてはじめて述べています。1867年のことです。思考実験とは、実際の実験は行わず、特定の理論と理想的な条件を前提にして、頭の中だけで実験の結果を想像することです。物理学者の得意技の一つです。実験器具などのお金はかかりませんが、たくましい想像力が要求されます。

その後も、マクスウェルは手紙や本の中で小窓を開閉してエントロピーを下げることのできる何者かについて述べましたが、その何者かには名前はありませんでした。1874年になり、物理学者ウィリアム・トムソン（後のケルビン卿）が論文の中で、この何者かに、この世界の裏側で秘かに働く超自然的な霊的な存在として、ギリシャ語で守護神にあたるダイモン（daemon）という名前を付けました。哲学者プラトンはダイモンを神と人との仲介者として書いていますし、古代ユダヤの哲学者はダイモンを天使と同じものと考えていました。しかし、キリスト教時代になり、異教の神ということから、ダイモンにはデーモン（demon:悪魔）の意味が濃くなっていきました。ケルビン卿が意図したのは、もちろん日本語でいう悪魔ではなく、神的存在としてのダイモンでしたが、いつしか「悪魔」が定着してしまいました。

さて、「マクスウェルの悪魔」は小窓の傍にいて、左から速い分子が来たら窓を開けて右に通し、右から遅い分子が来たら窓を開けて左に通す以外は、まったく窓を開けません。この作業をまったくエネルギーを使わずにやってくれるのが、この悪魔です。『不思議の国のトムキンス』の中で、トムキンス氏のハイボールに奇跡を起こしたのは、この「マクスウェルの悪魔」でした。労力（エネルギー）を使わずに、エントロピー減少をしてくれるなら、それは正に夢の永久機関が実現できるのですから、それをやってくれる妖精には悪魔より天使の名が相応しいでしょう。

「熱力学第２法則からは不可能だとわかっているが、何となくこんな天使がいても不思議ではない」というこのパラドックスは、じつはとても重要な示唆を私たちに与えてくれます。

悪魔ならぬ天使の行動に再度注目してみましょう。天使は窓の近くに腰かけて（？）、気体分子の速さを二つの値で判断します。つまり「速い」か「遅い」かです。これは第２章で述べた二分質問です。天使は窓辺に腰かけて、「速い？　遅い？」と訊いています。つまり天使は「速い、遅い」の情報を判断できなければなりません。一つの分子だけについて考えると、その分子の「速い、遅い」の情報のエントロピーは、

$$S = k_B \ln 2$$

ですから、温度がTであれば$Q = Tk_B \ln 2$の熱量（エネルギー）を必要とします。全分子について速さの判断を行うとすると、結構なエネルギーが必要です。それをこの天使はどこから調達するのでしょうか？

さて論点は天使がどの程度「気っ風（きっぷ）」が良いのかではありません。「適切な情報を持っていると、エントロピーの増加を防げる」ということを、このパラドックスが教えてくれることです。

今、私たちが資料を集め、それに基づいて意見をまとめることを考えてみます。読んだ資料を無造作に机の横に積み上げる場合（**図4-13 (a)**）と、読んだ資料を分類しながら積み上げる場合（**図4-13 (b)**）を比較します。

言うまでもなく、(a) は (b) に比較してエントロピーが高い状態にあり、この資料の山から後で必要になった資料を見出すには時間も労力（エネルギーー）もかなり必要になります。一方 (b) では少なくとも５種類に分類さ

れていますので、エントロピーは低く、目的の資料を見出すのに必要な時間も労力もずっと少なくなるはずです。記憶力が良かった昔の教授であれば、(a) の山から簡単に目的の資料を掘り出せると主張するでしょうが、一般論にはなり得ません。

机の横に資料を置く労力は (a) でも (b) でもほとんど変わりませんので、(a) と (b) の違いは、それを置く（分類する）人の意識と知識（情報）によって決まります。分類作業を決定するこの二つの要素の重要さの大小関係は、意識＞知識と言えるでしょう。一旦 (a) の状態になったものを (b) のようにするのは大変ですが、(b) から (a) にはいとも簡単にできます。私たちは「マクスウェルの天使」に頼らなくても、**私たちの意識と知識を使えば、エントロピー増加への道（無秩序への道）に進むことを避けることができることをこのパラドックスは、そして天使は教えてくれてい**

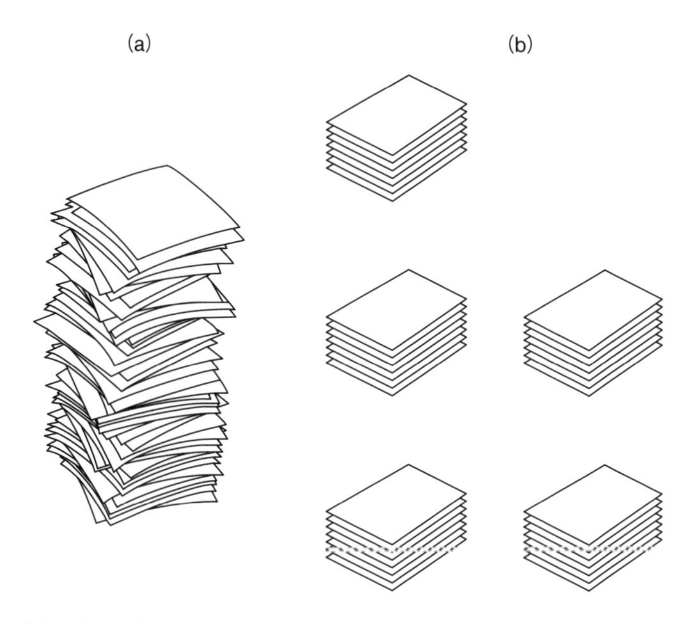

図 4-13　資料の積み上げ方でエントロピーは変わる
(a) 無造作に積み上げる（エントロピーは大）
(b) 分類しながら積み上げる（エントロピーは小）

る、と私は思います。

意味もない無秩序化、すなわちエントロピー増大を防ぐためには、まずは私たちの意識と知識のエントロピーを低い状態にすることが大前提であることは言うまでもありません。私たちの意識と知識で無駄なエントロピー増大はコントロールできるのです。

先人たちが語ってきたこと

これまでも何度も繰り返してきましたが、「エントロピー増大の法則」すなわち熱力学第２法則は、精密な実験結果の微妙な数値の差からはじめてわかる現象についての法則ではなく、私たちのごく身近な日常の中で、それも頻繁に経験する法則です。つまり、19世紀になって熱力学の研究が進んで、はじめて人類が認識した法則性ではありません。

「エントロピー増大の法則」の内容は多くの賢い先人たちによって古代から認識されていました。これらの先達は、神話、故事、そして宗教などを通じ、この法則によって引き起こされ得る危機的状況を予言し、それによって私たちを具体的に戒め、どのように生きるべきかを示唆してきました。宗教は世の中が乱れて収拾のつかなくなる状態がいずれくることを説明し、その状態からの脱出ないし救済がその宗教で可能であることを示してきました。

例えばキリスト教の場合、『旧約聖書』に、天地創造の後で万物が作られたことが書かれています。「作り終えたすべてのものを神が見わたしたところ、たいへんみごとであった」（「創世記」1:31『世界の名著12　聖書』中央公論社）とあり、最初この世界は見事に統制のとれた世界であったとしています。ところが人間が自由に活動し始めるに従い、世界の無秩序が増大していきます。「ときに地は、神の目にあまるほど堕落し、暴力が地に満ちていた。神が地を見わたしたところ、それはもう堕落の極であった。すべての被造物が、地上でその道を踏みはずしてしまっていた」（「創世記」6:11、12）という状態になります。秩序ある低エントロピー状態から、いわば自発的に高エントロピー状態、それもエントロピー最大になってしまったのです。

聖書に書かれているこの堕落の状況は大洪水と「ノアの方舟」で一旦リセットされます。最大になったエントロピーを元の低エントロピー状態に戻すためです。中略しますが、しかしまた再び世の中は着実にエントロピーを増大させていきます。そして「わたしは地上から上げられるとき、すべての人を自分のもとへ引き寄せよう」（「ヨハネによる福音書」12:32）というキリストの言葉につながります。解釈はいろいろあるのかもしれませんが、私はこの言葉は最大になったエントロピー（それはこの場合は「罪」と言い換えることができると思います）をキリストが背負い、人々そして社会の増加したエントロピーをリセットするということを意味すると思っています。

人間社会は放っておくと、たとえ厳しい規律があっても、自然にそのエントロピーは増大し、それが臨界点に近づく時に、社会不安は一挙に拡大し、救世主を求めるようになるもののようです。

仏教でも同じようなものの考え方があります。釈迦が生誕した頃の社会では、人々の定住化により都市が作られ、手工業や商業が発達しました。つまり社会活動がそれ以前に増して著しく活性化されました。すでに述べたように、そのように自由度が拡大し、使えるエネルギーが多くなると、当然の結果として貧富の差が広がり、身分の格差も大きくなっていきます。戦争も起こり、つまりは社会のエントロピーが増大していきました。

そうした時代背景の中で、釈迦の教えも作られていったのでした。釈迦は「諸行無常」と捉えましたが、これはまさに「エントロピー増大の法則」と同義と言えると思います。釈迦が入滅の際に残した最後の言葉は、「比丘たちよ、今こそおまえたちに告げよう。諸行は滅びゆく、怠ることなく努めよ」（「大谷大学のホームページ」https://www.otani.ac.jp/yomu_

page/kotoba/nab3mq0000000k13.htmlから）であったと伝えられています。これは、「エントロピーは増大するものである。怠ることなくエントロピーが減少するように努めよ」と解釈することもできます。

また、金剛般若経には次のような一節もあります。「これから先、後の時世になって、第二の五百年代に正しい教えが亡びる頃に、このような経典の言葉が説かれるとき、それが真実だと思う人々が誰かいるに違いない」（『般若心経・金剛般若経』岩波文庫）。

正しい教えが亡びる頃とは、いわゆる末法の時代であり、エントロピーが極度に増大するであろう状況を予見したものと思います。その時に求められるのは、増大したエントロピーのリセットであるはずです。

日本では平安時代末期、源平の戦乱に加え、大地震、火災そして水難などの災害の多発、さらに疫病の蔓延などで、社会不安が高まったと伝えられています。国内でのエントロピーが一つの極大点になったのです。この時期が末法の時期にほぼ当たることから、国内に終末論的な末法思想が拡大することになりました。その過程で、多くの仏教宗派が鎌倉時代に向けて生まれました。国内でこれほど新しい宗派が生まれた時代はその後もありません。それだけ混乱していた時代でした。

そして、鎌倉時代に入り、浄土思想が広く庶民の中に浸透することにより、社会のエントロピーが減少することで、社会不安が軽減されたようです。この時に広まった浄土思想はその後の日本人の精神文化に非常に大きな影響を与えました。そうした精神的基盤の上に日本的と言われる文化が醸成されていったのではないでしょうか？

紀元前６世紀（諸説がありますが）の中国に老子という哲学者がいました。老子の哲学・思想をまとめたとされる『老子』は、孔子の『論語』と共に中国の代表的な古典として知られています。老子は、社会や人心は自然に乱れて無秩序になり、社会のエントロピーは自発的に増大して破局を迎えることを、すでにその時代に看破していました。その上で、そうした破局を迎えないために為政者が持つべき心構えについて、非常に厳しい口調で述べています。

さらに『老子』では、人心を低エントロピー状態に保つための提言も具体的にされています。老子の言う「小国寡民の国」の在り方は、まさに現在の地球規模の問題を解決できる重要なヒントを示しています。『老子』はその口調が強く、押しつけがましい所もあるので、やや敬遠されるところがあります。しかし、エントロピー増大の極限からの回避を本気でするためには、「この程度でもまだ生ぬるい」と老子は言うかもしれません。

信仰や思想というほど大げさでなくても、先人が生活体験や伝承から学んだ社会常識である諺の中にも、「エントロピー増大の法則」を見ることができます。「覆水(ふくすい)盆に返らず」はその代表例です。一旦秩序(形)を失ったものは、元に戻すことはできないことを言っていますが、この諺の調子はかなり厳しいものです。同様の諺は洋の東西を問わずあるようで、英語での「Don't cry over spilt milk !」(こぼしてしまったミルクを嘆いたところで、何の役にも立たない)はまったく同じ意味の諺です。

以上のように、多くの実体験と伝承に基づいて学んだ真理を、すでに先人(賢人)たちは、個人そして社会を守るために、繰り返し繰り返し人々に教えてきました。残念ながら、そうした教えは、古今東西を問わず、時間と共に風化していきます。それはまさに自発的なエントロピーの増大です。私たちはどうこれに対処すべきなのでしょうか?

私たちは科学の法則から逃れることはできない

私たち個人の人生は長くありませんし、時は慌ただしく進んでしまうので、いろいろ経験したり、落ち着いて考える時間は決して十分にはありません。本当はさまざまなこと、できたらすべてのことを経験して、その中から自分がどう生きるべきかの方向を見出せれば良いのですが、世界はあまりに広く、かつ多様です。それらの中から、私たち個人が体験を通してすべての真理を学ぶには、個人の一生はあまりに短すぎます。

そこで私たちは先人たちが遺した経験を参照することで、方向を見出す助けにします。先人たちは「あっちに行ってはだめだ」とか「こっちに行くほうが良いだろう」と教えてくれます。それらは迷信とか、因襲と呼ばれる場合もあります。生きる上で最低限必要な方向は、おそらくDNAの中に先験的に組み込まれているはずです。このことは大変興味深いのですが、まだ現代の科学ではその有無は明らかになっていません。

そこで私たちは「どう生きるべきか」の指針を先人たちの教えの中から学ぶことになります。江戸時代の日本の教育で、読み書き・そろばんと共に重要視されたのは『論語』のような、人間社会の在り様や個人の生き方に関する思想です。読み書き・そろばんが生きるための技術を教えるのに対して、思想は学ぶ者の基本的価値観を形成する上で、非常に重要です。「マクスウェルの天使（悪魔）」の話を思い出して下さい。「エントロピーを下げたい」という目的意識があってはじめて、その選択と行動が実現するのです。気体分子が速いか遅いかは、あくまで情報であり、その情報に基づきどのような判断をするかが重要な訳です。この判断の基準になるのが、その人の基本的価値観です。

『聖書』、仏典そして『論語』などを読むことで、私たちは基本的価値観を学び取ることはできます。しかし、『聖書』にしても、仏典にしても、また『論語』にしても、文章の意図していることがわかり難い場合が少なくありません。また説話的な部分が多いので、その信憑性や客観性は受け手によって大きな幅を持ってしまいます。

一方、科学は「エントロピー増大の法則」のように、私たちが生きて行く上で強く意識すべき真理について簡潔な言葉で論理的に示してくれます。また科学は、その最も重要な使命の一つである「その正しさを実験で示す」ことにより、法則の妥当性を客観的かつ定量的に証明してくれます。これにより、科学は簡潔な表現によって、膨大な経験の集積である大部の説話集をも上回る説得力を持ち得るのです。

少なくとも現状の日本における科学教育では、単に物の生産や技術の発展だけに焦点を当てていますが、科学は私たちの基本的価値観を形成する上で極めて重要な役割を果たすことが可能であり、その点も充分に考慮に入れた教育を行うべきであると私は信じます。

日本だけに限ったことではありませんが、教育の課程で文系と理系に分かれ、文系に進んだ人の大半が、科学を技術の単なる代名詞としか捉えられないようになり、不幸な場合は、科学の発展による疎外感のみを感じるようになることすらあります。相克というと大げさかも知れませんが、不思議なことに、文系と理系に特化した人々の間には、単なる興味の対象による違いだけでなく、根本的な価値観や思想の違いが見られます。そして、その違いは本質的なものであり、仕方のないことであるという、諦めがあります。さらには、その相違が、社会を動かす上で大きな障害になっている場合すらあります。

作家であり、科学者でもあったチャールズ・スノーという人が60年以上も前（1959年）に、「二つの文化」という短い随筆の中で、正に文系知識人と理系知識人の間にある大きな溝ないし亀裂を指摘していますので、このことは別に昨日今日に始まったことではないことがわかります。

スノーが指摘している重要な点の一つは、文系知識人の科学知識に対する捉え方の問題です。1950年代の後半と言えば、物理学では量子論そして相対性理論が少なくとも科学者の間では広く認められていた時代です。また、DNAやタンパク質の構造の秘密が明らかにされ、生物の物質レベルでの認識が大きく変わろうとしていた時期です。本来であれば、私たちが自分自身も含めた世界の存在をどう認識するかの根幹に関わる重要な問題が明らかにされたのですから、言わば人間自身そして社会の仕組みに関する専門家である文系知識人がこれらの科学的知見についてまったく知らない、あるいは関心がない、というのはとても不思議なことです。

もっとも、極微の世界の物理学である量子力学、膨大な宇宙の問題にも繋がる相対性理論、そして眼にはまったく見えない怪しげな生体高分子の形などは、少なくとも当時の文系知識人にはまったく何の感慨も与えなかったのでしょう。文系知識人の集まりに何度か出席する中で、科学者の文系学問領域における無学ぶりが何度も話題になることにスノーはやや堪忍袋の緒が切れ、彼らに「熱力学第２法則」について知っているかどうかを訊ねたようです。案の定、いわゆる文系知識人の反応は冷ややかで、かつ否定的でした。

スノーにしてみれば、「あなたは『熱力学第２法則』を知っていますか？」という質問は、「あなたはシェークスピアの作品を読んだことがありますか？」という質問を理系知識人にすることに等しいものです。日本人ならともかく、イギリス人ならたとえ理系の人間でも、シェークスピアの作品を知らないはずはなく、また少なからずそれらの作品から人生について何らかの教訓を得ているはずです。

否定的な反応をした文系知識人の代弁を少しするなら、アインシュタインの相対性理論やハイゼンベルクの不確定性原理なら少しは知っているが、「熱力学第２法則」など聞いたこともないということになるでしょう。恐らく、当時のマスコミでは「熱力学の法則」の重要性についてはまったく報道されていなかったでしょうし、文系で高等教育を受けた知識人も学校教育でこの法則を教わることはまったくなかったと思います。

それではなぜ、スノーはあえて「熱力学第２法則」を持ち出したのでしょうか？　文系知識人への当てつけで言っただけとは思えません。

もちろん相対性理論も不確定性原理も、かなり確かな理論ないし原理として物理学では解釈されています。しかし、じつは科学者も含め、それらの理論を日常生活で直接的に感じることはほとんどない、と言ってよいと思います。

一方、無名（？）の「熱力学第２法則」を私たちはほぼ毎日のように体感しています。むしろ、そういう現象は「当たり前」とか「常識」という範疇に入るものでしょう。本書で、何度も出てくる話ですが、「放っておけば部屋の中は乱雑になる」そして「イヤフォンのコードがどういう訳かいつも絡まってしまい、イライラする」などの、ひどく日常的なことが、じつは「熱力学第２法則」によって決定されているのです。つまり、「熱力学第２法則」は、場合によってはニュートンによる力学より、私たちがもっと身近にしばしば感じる物理法則であり、私たちが生まれてこの方、何度も同じような経験をすることにより、その法則をいつの間にか意識せず受け入れるようになっているからです。

さらに、このむしろ「当たり前」のことが、私たちの世界観および人生観を形作る上で非常に大きな影響を与えてきたことは、少し考えれば自明のことです。これは今でもそうですが、多くの文系知識人は、人間の精神や社会の問題に科学が入り込むことを本能的に拒絶する傾向があります。

門外漢であっても、相対性理論や不確定性原理にはある種の魅力を感じることは否定できません。しかし、より現実的な世界で厳然と成り立っている法則を理解することは、私たちが個人として生きていく上で、さらには社会の仕組みを考える上でも、とても重要であると思います。なぜなら、好むと好まざるとにかかわらず、そのような法則は常に成り立っていて、私たちはそれから逃れることができないため、第一の条件として、まずはその法則を受け入れるところから思考をはじめなければいけないからです。

スノーが嘆いたのは60年以上前のことですが、私が感じる限り、文系と理系のギャップがその後急速に埋まったということはなく、いまだに大きな溝は明瞭に見られます。コンピュータの社会への浸透により、一時期はその溝が埋まるのではないかと感じたこともありますが、残念ながらそうはなっていないようです。こうした状況が本書を書くきっかけの一つであったことは言うまでもありません。政治の世界も含め社会の多くの部分で、文系の人々が主要な役割を果たしています。彼らが、科学の世界で見出された法則を理解し、それを考慮した活動を取ることができれば、慣習的あるいは歴史的に踏襲して来たものの考えややり方に良い意味での影響が必ずあると思います。

是非多くの人々が「熱力学第２法則」の存在を知り、その意味するところを深く理解し、それに基づいて基本的価値観を醸成していただきたいと思います。また、もしわからないことがあったら近くの科学者と議論して下さい。彼らは喜んで議論に応じてくれると思います。

SDGsでは解決できない理由

すでに何度か述べたように、地球物理の現象として、地球の温暖化は明確に観測されています。人間社会においては、民主主義も含めた社会体制の組織力の低下により、エントロピーは増大しています。各個人は当然その要因になると共に、その影響も受けています。

つまり、今、地球全体が一つのエントロピー極大点に向かっていることは疑いようがありません。そうした認識が国際的にも高まり、2015年9月の国連サミットで加盟国の全会一致で採択されたのが、「持続可能な開発目標(SDGs:Sustainable Development Goals)」です。日本政府も賛同し、現在いろいろな活動が行われています。その目的は「誰一人取り残さない持続可能で多様性と包摂性のある社会の実現」と謳われています。そして2030年を年限として、17項目の国際目標が掲げられています。現在のエントロピー極大に向かった状況を国際協力で何とか脱却しようという気概は非常に良いと思いますし、また国際協力なしには、この危機の回避は不可能と思います。

しかし、「開発」という言葉が入っていますので仕方がないかもしれませんが、17項目のほとんどすべてが権利の拡大を主張するものです。本書をここまで読まれた読者は気づいていると思いますが、エントロピー増大なしの経済活動はあり得ません。現状を維持するだけでもエントロピーは増大し続けるはずであり、17項目の中には、さらに「成長」という言葉さえ入っています。地球全体そして人間社会全体のエントロピーを低下させるような自制的さらには抑制的な目標は一つも入っていません。恐らく

SDGsの目標を作った人々は「熱力学第２法則」を知らず、観念的に現在の問題を解釈し、それに対する方策を並べたのだと想像します。まさにスノーが指摘したことが、現実問題へのアプローチにおいて現れたものと思います。

SDGsの17項目を真面目に実行するには、さらに多量のエネルギー資源を必要とし、計画の実行過程でそれらを消費することにより、地球のエントロピーの増加に拍車がかけられることは必定です。その意味で、この計画では現状のエントロピー増加幅すら維持できない可能性があります。後で述べますが、私たちが今しなくてはいけないのは、少なくとも現在の状態を持続することではありません。持続することは、終末までの道行を急ぐことです。

先進国が今後の利権を確保する思惑でSDGsを推進しようとしている疑いもあります。実際、SDGsのリーダーシップを取っている先進国の中には、あたかも目標の高達成率を実現しているかのような数字を公表している国が少なからずあります。また、ウクライナ戦争により目標達成が危ぶまれるように、国際情勢の変化が目標達成に大きく影響することから、国際協力の危うさや脆さも目立っています。これ以上の負担を地球にかけず、人類を含む生物が地球上に存続できる時間を可能な限り長くできるようにするための、真に実現が可能な国際目標を作るべきではないかと私は考えます。

それでは私たちは増大するエントロピーにどう対処すべきなのでしょうか？　私たちが地球上で活動すればエントロピーは必然的に増加します。一方で、地球から宇宙空間にエントロピーは排出することができます。しかし、温室効果ガスはその排出効率を低下させてしまいます。すでにこれまでに多量の温室効果ガスを大気中に放出してしまったために、エントロピー排出が追い付かなくなりそうなのが現状です。従って、人間の活動によるエントロピー増加を抑制すると共に、適切にエントロピー排出が行えるように温室効果ガスの放出も抑制し、地球上のエントロピー量を一定の範囲に収めるように制御する必要があります。

すでに述べたように地球のエントロピー排出量は本来決してそれほど小さいものではなく、悲劇的に大きな自由の制限をしなくてもかなり多くの人々が快適に暮らせるはずです。

じつは、**日本の江戸時代はエントロピーの収支バランスのとれた社会の一つの良い例だった可能性があります**。この時代の日本列島は鎖国により、ほぼ閉鎖系に近い状態だったと思います。当然、太陽からの大きな恵みはありました。もちろん国内の活動によりエントロピーは増大していきます。幸い島国であることから、閉鎖系の外側には海が広がっており、人口の割に緑も多く、大きなエントロピーを充分に排出することができました。一方、人間社会の中のエントロピーは必然的に増大していき、それは時々局所的にエントロピーの高い状態を作り、火事を起こしました。しかし、比較的長い間、社会全体が大きく影響を受けるほどのエントロピー値にはなりませんでした。

その大きな理由の一つに、人々を低エントロピーの状態に保つことができたことがあると、私は思っています。当時の日本人の基本的な価値観が人々の精神的なエントロピー状態を低く保つ上で貢献したのではないかと考えられます。その基本的な価値観の形成（醸成）に大きな寄与をしたのが、平安末期から鎌倉時代に起こった浄土思想ではないかと思います。そして、この基本的価値観こそが江戸時代に、日本独自の精神文化を形成させたのだと思います。

しかし残念ながら、そうした日本人の精神文化は今急速に失われつつあります。エントロピーを低くするための基本的価値観が失われてしまったからだと私は思っています。グローバリゼーションとは響きの良い言葉ですが、それはエントロピー増大と本質的に同義であり、それに伴う均質化と低質化を意味します。細胞でいえば、脱分化して増殖するガン細胞化と同じです。

私たちが「熱力学第２法則」を真に理解すれば、そこから逃れられないことも理解できます。その上で、科学技術の力も借りて、この法則と与えられた地球という環境の範囲で、最大限にできることを探すことが必要です。それは、私たち一人ひとりが限りある時間と空間を意識しながらも、より幸せに生きていく道を探っていくことと同じだと思います。地球それ自体が、まさに一つの生命体ですから。

救いは精神的エントロピー低下にある

熱力学が定式化されるはるか昔から、すでに先人たちは「熱力学第２法則」の厳然たる帰結を察知していました。人間の活動は本質的に野放図に広がっていくことを見通し、その結果が人間社会を危機に導くことを予言し、戒めてきたのです。それらは、多くの民族で宗教、神話そしてタブーのような形で継承されてきました。

その有名な例の一つが先に述べた、「ノアの方舟」の話です。地上に増えすぎて堕落した人々の大多数が大洪水で滅ぼされることになります。この話は、エントロピーが最大に達すると、その世界は崩壊し、無秩序の状態がリセットされることを警告しています。リセットされた世界のエントロピーは崩壊前の低い状態になり、そこに秩序が再び取り戻されるということです。

怖い話のようですが、そこには非常に優しい、かつ大きな意識を私は感じます。もちろんこれらの話は、そのような危機状態に陥らないように人々に自戒を促すものです。

しかし、残念ながら大洪水の後も自戒を忘れた人類は何度も危機を迎えることになります。その危機からの回避の原動力になったのは、特定の技術や物質ではなく、先人たちから受け継がれた「基本的価値観」への回帰を含む「ものの考え方」であると思います。例えば、「キリストによる新しい契約」もその一つとして捉えられると思います。現代の科学技術でもエントロピーそのものを消滅させることはできません。従って、エントロピーを減少させるには、エントロピー増加に関与する人間の行動、そしてその行動を決定する意識を制御するしかない訳です。

個々の意識は、各人の基本的な価値観、知識そして環境などによって形作られます。最近ではSNSやインターネットからの情報が大きな影響を与えるようになっています。しかし、選挙のように個々人が原則的に束縛を受けずに権利を行使できる場合には、たとえ偏りがあるにしてもその意識に基づいて投票が能動的に行われます。当たり前の話ですが、社会全体の意識を変えるには、個々人の意識を変えるしかないことになります。従って社会全体のエントロピーを抑制するには、個々人の意識を揃える必要があります。意識が揃えば、エントロピーは低くなります。

個々人の行動を決める意識の方向がどのように決定されるかを思い切って簡単にして考えてみます。今、ある意識を作り上げる要素が6個あり、それらが二つの値をとるとします。**図4-14** (a)のように、すべての要素が同じ方向に向くと、それは強い意思決定につながります。このような状態を取り得る場合は一つしかなく、そのエントロピーは最小です。

しかし、**図4-14** (b)に示すように、3つの要素が上向きで、3つの要素が下向きである場合、矢印が互いに相殺し合って、方向が定まりません。つまり意思決定ができません。さらにそのような要素の組み合わせは${}_6C_3$＝20通りもあることから、意思決定がさらに困難になります。選択肢が多く「こういう考えもあるし、ああいう考えもある」と迷う状態です。こ

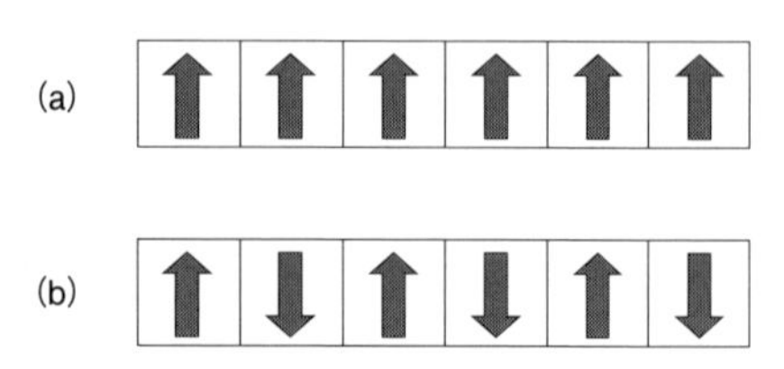

図 4-14　意思決定をする要素が6つある場合の意思決定
(a) すべての意思決定要素が揃うと、明確な意思決定が行える
(b) 意思決定の要素が揃わないと、意思決定が行えない

の状態のエントロピーは最大です。

つまり、私たちが意思決定をする場合、それに必要な意識の要素が心の中で、可能な限り低いエントロピーの状態を取る必要があるということです。

意思決定の要素の状態数（W_M）から導かれるエントロピーS_Mのことをここで精神エントロピーと呼ぶことにすると、

$$S_M = k_M \ln W_M$$

になります。k_Mはボルツマン定数との対応で入れたものですが、ここでの話では大きな意味を持ちません。私たちが意思決定をするには、このS_Mを低くすることが必要になります。各人のS_Mを低くして、行動に秩序を与えれば、社会全体のエントロピー量は減少させることができることになります。この精神的エントロピーを下げることに寄与できるのが私たちの叡智であり、信仰であり、科学であると思います。

先ほどの説明では、図4-14は個人の意思決定の場合を示すとしましたが、この図はまた、集団の意思決定についても成り立ちます。

６個の箱の中の矢印が、６人の人の意思決定の最終方向だとすると、(a) の状態はもっともエントロピーが低く、集団として統一の取れた行動が取れます。一方、エントロピーが最大である (b) の状態では、集団の行動は無秩序になり、特定の目的を達成する方向で協力的にはなり得ません。

何度も述べたように、閉鎖系ではエントロピーは自発的に増大しますので、自然の状態では初期状態が (a) であっても、時間の経過と共に (b) の状態に移っていき、その集団は崩壊してしまいます。秩序を保つには、常に各個人がエントロピーを下げる努力をしないといけないことになります。釈迦が入滅の際に言われたことは、まさにこのことを啓示していると思います。私たちが生きていくということ自体が、エントロピーを常に減少させることであることはすでに述べました。**私たちが意識しているか否かにかかわらず、私たちの中で今まさに生きている「いのち」は、エントロピーを下げる努力を間断なく続けている**のです。

それでは、どのようにすれば精神的エントロピーは下げられるのでしょうか？　この質問に丁寧に答えるためには、人間の活動の多様な領域について触れる必要があり、本書の枠をかなり大きく超えてしまいますので、ここでは、あくまで私見を述べるに止めたいと思います。

極論すれば、ほとんどの宗教や信仰は、精神的エントロピーの低下をその大きな目的にしていると言えないでしょうか？　精神的エントロピーが最低になる状態を、仏教では「悟りの境地」と言っているのだと思います。『聖書』の中に出てくる多くの説話も、精神的無秩序から精神的秩序への移行を促しています。「わたしはすべての人を自分のもとに引き寄せます」というキリストの言葉によって、発散した精神的エントロピーが極小値に一旦戻されたのだと思います。日本における末法の時代に生まれた浄土思想は、念仏を唱えれば救われると教えています。「南無阿弥陀仏」を唱えることは、ひたすら心を無にして精神的エントロピーを低下させることに相当すると思います。先ほどの$S_M = k_M \ln W_M$の式でいけば、限りなくW_Mの数を少なくしていき、最終的に1になった時が悟りの境地なのかもしれません。その時のS_Mは0です。正に「無」です。

「熱力学第２法則」の意味するところを真に理解すれば、地球の健康寿命を長くするにはどうすべきかの答えは自ずと明らかになります。私たちも含めた地球上のあらゆる「いのち」の命運を握っているのは、美しく、明るくかつ低く制御された私たちの精神的エントロピーだと思います。

確かに今、私たちは明確な岐路にさしかかろうとしています。まさに、そこで新しい約束をすることで、太陽からの低エントロピー光の恵みを最大限に享受できる、希望に満ちた次の新しい地平線が広がるのではないか、と私は期待しています。

教養としてのエントロピーの法則

私たちの生き方、社会そして宇宙を支配する「別格」の法則

2023年7月10日　第1刷発行

著　者　平山令明

発行者　鈴木章一
発行所　株式会社 講談社　KODANSHA
東京都文京区音羽 2-12-21 〒112-8001
電話　編集 03-5395-3522
販売 03-5395-4415
業務 03-5395-3615

装幀者　コバヤシタケシ
本文組版　朝日メディアインターナショナル株式会社
印刷所　株式会社 新藤慶昌堂
製本所　株式会社 国宝社

ISBN978-4-06-532967-2 158p 21cm